U0356922

轻松阅读·心理学　崔丽娟 主编

人格魅影

祛魅人格心理学 | 戚炜颖 ◎著

Renge Meiying

图书在版编目(CIP)数据

人格魅影：祛魅人格心理学/戚炜颖著.—北京：北京大学出版社，2007.10
(未名·轻松阅读·心理学)
ISBN 978-7-301-12777-3

Ⅰ.人… Ⅱ.戚… Ⅲ.人格心理学－通俗读物 Ⅳ.B848-49

中国版本图书馆 CIP 数据核字(2007)第 149119 号

书　　名：人格魅影：祛魅人格心理学
著作责任者：戚炜颖　著
策 划 编 辑：杨书澜
责 任 编 辑：魏冬峰
标 准 书 号：ISBN 978-7-301-12777-3/C·0462
出 版 发 行：北京大学出版社
地　　址：北京市海淀区成府路 205 号　100871
网　　址：http://www.pup.cn　电子信箱：weidf@pup.pku.edu.cn
电　　话：邮购部 62752015　发行部 62750672　编辑部 62752824
　　　　　出版部 62754962
印 刷 者：北京大学印刷厂
经 销 者：新华书店
　　　　　890 毫米×1240 毫米　A5　7.25 印张　167 千字
　　　　　2007 年 10 月第 1 版　2007 年 10 月第 1 次印刷
定　　价：22.00 元

总　序

《心理学是什么》（北京大学出版社 2002 年版）一书出版后，每年我都会收到很多读者来信，他们对心理学的热情和想继续学习研究的执著，常常感动着我。2005 年我国心理咨询师从业证书考核工作启动，更是推动了全社会对心理学的关注与投入："心理访谈"、"心灵花园"、"情感热线"等栏目，成为多家电视台的主打节目；心理培训、抗压讲座、团体训练等等，成为各类企业管理中的新型福利之一；商品的广告设计、产品包装的色彩与图案、产品的价格设置等等与消费心理学的联姻，使商家在销售活动中"卖得好更卖得精"……

社会对心理学的热情最终推动了学子们对心理学专业学习和选择心理学作为终身职业的热情。读者中有许多都是在校读书的学生，有高中生来信说，正是因为阅读了《心理学是什么》，他最终在高考时选择了心理学专业；有非心理学专业的大学生来信说，因为《心理学是什么》一书，使他们在毕业之际放弃了四年的专业学习，跨专业报考心理学专业的研究生。学生们在来信中不约而同地指出，心理学的蓬勃发展，使今日的心理学有了众多的分支学科，在面对异彩纷呈的心理学研究领域时，该选择心理学中的哪一个分支学科，作为自己一生的研究与追求呢？他们希望能有更进一步阐释心理学各分支学科的书籍，帮助他们在选择前，能了解、把握心理学各分支学科的研究框架和基本内容。所以，当从北京大学出版社杨书澜女士处得到组织写作这套心理学丛书的邀请时，我倍感高兴。可以说，正是读者的热情与执著，最终促成了这套心理学丛书的诞生。

我们知道，心理学，尤其现代心理学，研究内容非常广泛，涉及了社会生活的方方面面。因此，在社会生活的众多领域，我们都可以见到心理学家们活跃的身影。比如，在心理咨询中心、精神卫生中心以及医院的神经科，我们可以看到咨询心理学家或健康心理学家的身影，他们为那些需要帮助的人提供建议，解决他们的心理困惑，帮助来访者健康成长，对那些有比较严重心理疾病的患者，如强迫症、厌食症、抑郁症、焦虑症、广场恐怖症、精神分裂症等，则实施行为矫治或者药物治疗。除了给来访者提供以上帮助之外，他们也做一些研究性工作。在家庭、幼儿园和学校，儿童心理学家、发展心理学家和教育心理学家发挥着重要的作用。儿童心理学家、发展心理学家研究儿童与青少年身心发展的特征，特别是儿童的感知觉、智力、语言、认知及社会性和人格的发展，从而指导教师和家长更好地帮助孩子成长，并给孩子提供学习上、情感上的帮助和支持；教育心理学家研究学生是如何学习，教师应该怎样教学，教师如何才能把知识充分地传授给学生，以及如何针对不同的课程设计不同的授课方式等等。心理学的研究与应用领域很多很多，如军事、工业、经济等等，凡是有人的地方就有心理学的用武之地，可以说，心理学的研究，涵盖了人的各个活动层面，迄今为止，还没有哪一门学科有这么大的研究和应用范围。美国心理学会（APA）的分支机构就有50多个，每个机构都代表着心理学一个特定的研究与应用领域。在本套丛书中，我们首先选取了几门目前在我国心理学高等教育中被认为是心理学基础课程或专业必修课程的心理学分支学科，比如普通心理学、实验心理学、发展心理学、心理测量、人格心理学、教育心理学等。其次，选取了几门目前社会特别需求或特别热门的心理学分支学科，比如咨询心理学、健康心理学、管理心理学、儿童心理学等。我们希望，能在以后的更新和修订中，不断地把新的心理学分支研究领域补充介绍给大家。

本套丛书仍然努力沿袭《心理学是什么》一书的写作风格，即试图从人人熟悉的生活现象入手，用通俗的语言引出相关的心理学分支学科的研究与应用，让读者看得见摸得着，并将该研究领域的心理学原理与自己的内心经验互相印证，使读者在轻松阅读中，把握心理学各分支研究领域的基本框架与精髓。

岁月匆匆，当各个作者终于完成书稿，可以围坐在一起悠然喝杯茶时，大家仍然不能释然，写作期间所感受到的惶然与忐忑，仍然困扰着我们：怎样理解心理学各分支学科？以什么样的方式来叙述各心理学分支学科的理论流派和各种心理现象，以使读者对该分支学科有更为准确的理解和把握？该用什么样的写作体例，并对心理学各分支学科的内容体系进行怎样的合理取舍，对读者了解和理解该分支心理学才是最科学、最方便的？尽管我们在各方面作了努力，但我们仍然不敢说，本套丛书的取舍和阐释是很准确的。正如我在《心理学是什么》一书的前言中写到的："既然是书，自有体系，人就是一个宇宙，有关人的发现不是用一个体系能够描述的，我们只希望这是读者所见的有关心理学现象和理论介绍的独特体系。”

交流与指正，可以使我们学识长进，人生获益。我们热切地盼望着学界同仁和读者的批评与指教。同时我也要感谢北京大学杨书澜女士和魏冬峰女士的支持与智慧，正是她们敦促了该套丛书的出版，并认真审阅和提供了宝贵的修改意见。

最后我要感谢参与写作这套丛书的所有年轻的心理学工作者们，正是他们辛勤的工作和智慧，才使这些心理学的分支学科有了一个向大众阐释的机会。

崔丽娟

2007 金秋于丽娃河畔

前　言

人格是个心理学的术语，又是生活中的术语。人们经常在日常生活中谈及，某个人会喜怒无常，无事生非，别人一惹就毛，人格有问题；某个人品行良好，与人为善，能应对各种压力，人格很健康。因此，虽然人格研究离我们很远，但实际上人格又离我们很近，因为它存在于我们生活中的每一个角落和过程，和每个人都息息相关。

通俗地说，人格就是我们的某些特征。包含着两层意思：一层是人们像剧本中的角色一样表演种种行为；另一层是人们又在这个角色下隐藏了真实的自我。人格是动态的，又是静态的。动态是指人从出生到死亡，随着年龄和经验的增加有一个逐渐改变的过程；静态是指在特定的过程中人格的行为表现是稳定的。人类对自然界的探索从未停止过，对人格之谜的求知更是如此。人们一直致力研究人格的秘密——它怎么形成？来自何方？为什么会出现异常？如何塑造完美人格……

无论是框架结构还是章节安排，本书均按照先理论、后实践的脉络。就整体结构而言，首先介绍烟波浩渺的人格理论中最为著名的几种。如精神分析流派、新精神分析流派、行为主义流派、特质流派、人本主义流派、认知主义流派等六大学术领域，让读者对心理学的经典大家弗洛伊德、荣格、马斯洛等人的论述重新审视。本书强调不同人格理论中的闪光点，探寻人格发展理论的内在含义。然后陈述如何运用各种方法来分析和认识人格。接着，简单介绍人格障碍的各种类型和缘由，最后为读者推荐几种人格治疗的具体方法，以期能达到帮助读者心净如明台，增强心理障碍预防和自我保健的效果，起到重塑完美人格的目的。

在行文方面，本书尽量用通俗凝练的语言、趣味精悍的标题来表达整体的内容。且配用一些短小的测验和日常生活中的小知识，让读者能更清楚地了解人格心理学在生活中的应用，并能用人格心理学的知识来解释生活中的心理现象。

本书在编写过程中，得到了好友宋怡、朱华珍和张玲的帮助。在这里，我首先向给予我帮助的朋友致谢，他们在工作繁忙的情况下，还能为我提供很多章节中的材料。我还要感谢崔丽娟教授，如果没有她的信任，我是没有机会将自己关于人格心理学的理解梳理出来。而且崔教授还能在百忙之中对书中内容进行仔细斧正和指导，正是她无私的支持和宽广的热情，让我有信心把自己的知识呈现给大家。同时，我要感谢我的恩师陈国鹏教授，陈教授身正为师，学高为范。他一直对我的工作给予厚望和鼓励，让我自知不能辜负先生的抬爱，唯有一路前行才能腆以报答。我还要感谢我的爱人李煜希先生，他默默关爱，悉心呵护，让我顺利完成这个光荣的任务。

最后，由于作者水平有限，书中难免有不足之处，真诚地欢迎各位批评指正。

CONTENTS

目 录

第一章 什么是人格心理学

人的鲜明特征是他个人的东西。从来不曾有一个人和他一样，也永远不会再有这样一个人。

——高尔顿·奥尔波特

一、人格心理学是什么——可能的回答

两千多年前，古希腊哲学家曾问自己：“所有的希腊人都生活在同一片天空下，都受着相似的教育，可是为什么我们会有各种各样不同的性格呢?”

不过设想一下，如果我们每个人都有完全一样的性格，这个世界将会变得多么沉闷！我们所遇见的每个人都会以同样的完全可以预测的方式生活，这样建立的朋友圈和社会链几乎就失去了丰富多彩的意义，就变成完全是克隆产品的集合。庆幸的是，真实的生活实际上并非如此。

心理学家一直在探索人格的秘密，他们希望了解：什么东西使你与坐在你身旁的人不同。为什么有人交朋友不费吹灰之力，有人却难以交到朋友而形单影只？为什么有人大多时候都愉快而乐观，另外一些人则总是压抑而沮丧？为什么一些人责任感很强，工作勤奋，另一些人则得过且过，从不为工作多费心思？为什么有人性格内向，有人性格外向？我们能否预测出，什么样的人会升至公司高管，而什么样的人则事业难成？

语义学家告诉我们说，要想在一个句子里正确无误地使用一个词，就得知道这个词的涵义。那么究竟什么是人格呢？据美国心理学家奥尔波特 1937 年的统计，人格定义多达 50 多种，现代定义也有 15 种之多。持不同见解的心理学家试图准确地定义这个日常用词时，却无法就人格的本质达成共识。究竟什么是人格的本质，心理学家之间的争论异常激烈。其争论既反映了他们在科学观上的不同，也反映了（或者说更反映）他们在哲学观上的不同。

1. 西方学者眼中的人格

从词的来源看，人格（personality）一词源于古希腊的"person"，指的是古希腊戏剧中演员所戴的面具，它代表了演员在戏里所扮演的角色和身份，相当于我国京剧表演所用的脸谱。但是面具后面是什么呢？这就暗含了人的双面性：公然示众的一面和隐藏于面具背后潜在的一面。

卡尔·荣格（Carl Jung， 1875—1961）认为人格应该包含两个层面：一层是人格的表层，即"人格面具"，意指一个人按照别人希望他做事的方式行事，也就是角色扮演；另一层是人格的深处，即"真实的自我"，其中包含着人性中的阴暗面或兽性面，例如，他提出的原始意象中的“阴影”（shadow）就是人格的深层部分，它是人类原始性格的遗留。麦克金农（Mackinnon，1948）也指出，应该从两个方面来定义人格：首先是外在的人格，也就是一个人被他人知觉和描述的方式；其次是内在的人格，它涉及一些内部因素，用来解释一个人被他人认为是这样而不是那样的原因。

查尔德（Child，1968）将人格定义为：“使个体的行为保持时间上的一致性，并且区别于相似情境下其他个体行为的比较稳定的内部因素。”这个定义可能有些笼统，因为它把智力也作为人格的一个成分。汉普森（Hanpson，1988）指出，查尔德的定义中有四个尤为重要的关键词：“稳定的”、“内部的”、“一致性”和“区别于”。当我们提及某人的人格时，我们假设此人的人格理所当然地具有一定的稳定性，不随时间变化而变化；短期的情感状态是情绪而非人格。有一点很重要，人格存在于个体内部，而且并不等同于外部行为。当然，我们可以根据某人的行为推断他的人格，但行为并不总是与人格相一致。行为只为人格提供间接的证据，例如，某人流泪可能因为其具有忧郁人格，但也可能仅仅因为刚刚切过洋葱。

西方学者是用分解式的眼光来看人格，用人格的结构来解释其内涵。在弗洛伊德眼里，人格是“本我”、“自我”与“超我”之和。它被等同于无意识欲望的冲动；而行为主义者看到的人格是复杂的“刺激—反应”联结，是在强化基础上形成的“行为习惯系统”；奥尔波特则假定人格的基本单元是特质，无数特质按重要程度及等级顺序构成了人格整体。

20世纪90年代以后，西方学者仍然在为人格的内涵和本质争论不已。Jerry Burger将人格定义为稳定的行为方式和发生在个体身上的人际过程。因为人格是稳定的，因而我们可以通过不同时间和不同情境来鉴别这些稳定的行为方式，我们可以预期人们将来的行为方式。至于人际过程，它是与个体内部心理过程不同的，它是发生在人与人之间的过程，是发生在我们内部，影响着我们怎样行动、怎样感觉的所有的情绪过程、动机过程和认知过程。怎样运用这些过程，这些过程又是如何与个体差异相互作用，这就是人格的决定作用。而 Lawrence Pervin 则指出人格是个体认知、情感及行为过程中的复杂组织，它赋予个人生活的倾向性和一致性。人格包含结构与过程，并且反应先天（基因）和教养（经验）的共同作用。虽然一个人的人格通常是指他目前典型的稳定的行为反应，但是其过去的经历及对未来的预期无疑会影响他当下的表现，这综合了精神分析和社会学习理论的观点。这两种看法是当今人格心理学上最有代表性的观点。

2. 国内学者眼中的人格

我国古代汉语中只有“人性”、“品格”一类的词语，而没有“人格”一词，现代汉语通俗用语中的“人格”与西方心理学的 “人格”内涵也不同。20 世纪 80 年代以来，我国学者接受了西方心理学的“人格”概念，并尝试用这个词取代从苏联心理学沿用过来的“个性”一词。

我国学者陈仲庚等曾界定人格为，“个体内在的行为上的倾向性，表现为一个人在不断变化中的全体和综合，是具有动力一致性和连续性的持久的自我，是人在社会化过程中形成的、给予人一定特色的身心组织”；而心理学家黄希庭则认为，人格是个体在行为上的内部倾向，表现为个体适应环境时在能力、情绪、需要、动机、价值观、气质、性格和体质等方面的整合。

心理学家张春兴在综合中西方研究对人格论述的基础上指出，人格是指个体在生活历程中对人、对事、对己以及对整个环境适应时所显示的独特个性，是由个体在其遗传、环境、成就、学习等因素交互作用下，表现于需求、动机、兴趣、能力、性向、态度、气质、价值观念、生活习惯以至行动等诸多身心方面的特质所组成，由多种特质而形成的人格组织，具有相当的整体性、持久性、复杂性与独特性（张春兴，1992）。

在此，我们采用一个简单的人格定义，即人格是构成一个人思想、情感及行为的特有模式，这个独特模式包含了一个人区别于他人的稳定而统一的心理品质。我们可以从五个方面来理解。

（1）独特性

"人心不同，各如其面"，这句俗语为人格的独特性做了最好的诠释。一个人的人格是在遗传、成熟、环境、教育等先天与后天因素的交互作用下形成。不同的遗传环境、生存及教育环境，形成了各自独特的心理特点。例如，"固执性"这一人格特征，在不同人身上被赋予了不同的含义。作为娇生惯养、过度溺爱的结果，这种固执性带有"撒娇"的含义；而在冷淡疏离、艰难困苦的环境下，固执则带有"反抗"的含义。这种独特性说明了人格的千差万别。

（2）稳定性

俗话说："江山易改，禀性难移。"一个人的某种人格特点一旦形成，就相对稳定下来，要想改变它，是比较困难的事。这种稳定性还表现在，人格特征在不同时空下表现出一致性的特点。例如，一位性格内向的大学生，他不仅在陌生人面前缄默不语，在老师面前少言寡语，还可能在参与学生活动时也沉默寡言，甚至若干年后的同学聚会时还是如此。

（3）统合性

人格是由多种成分构成的一个有机整体，具有内在的一致性，受自我意识的调控。当一个人的人格结构在各方面彼此和谐一致时，就会表现出健康人格特征；否则，就会使人发生心理冲突，产生各种生活适应困难，甚至出现“分裂人格”。

（4）复杂性

鲁迅曾说：“横眉冷对千夫指，俯首甘为孺子牛。”这句话说明了人的复杂，人的行为表现出多元化、多层面的特征。人格表现绝非静水一潭，各种人格结构的组合千变万化，从而使人格的表现千姿百态。每个人的人格世界，并非是由各种特征简单堆积起来的，而是如同宇宙世界一样，依照一定的内容、秩序、规则有机结合起来，成为一个动态的系统。

（5）功能性

有一位先哲说过：“一个人的性格就是他的命运。”人格是一个人生活成败、喜怒哀乐的根源。人格决定一个人的生活方式，甚至有时会决定一个人的命运。人们经常会使用人格特征来解释某人的言行及事件的原因。面对挫折与失败，坚强者发奋拼搏，懦弱者一蹶不振。面对悲痛，一些人可以将悲痛化为力量，而另一些人则表现为消沉。当人格具有功能性时，表现为健康而有力，支配着一个人的生活与成败；而当人格功能失调时，就会表现出软弱、无力、失控，甚至变态。

3. 和人格有关的名词

气质

我们常说一个人很有气质，或者说这个人的气质很好。有的女人甚至最怕被人说成 “有气质”，因为这种说法隐含着“不漂亮”。人们有时候会把气质和性格混淆，其实，气质是一种与人的脾气有关的心理现象，依赖于人的身体素质。气质是人格的内部表现，是人先天的生理特性所决定的。

性格

这个词和人格经常被人们通用，尤其在文学作品中，性格就是人格。但在学术领域，更倾向于用人的行为特征和现象来表示人格，性格只是人格的一部分。心理学中是把性格和人的意志联系在一起，性格主要是指人们抑制自己冲动时的心理倾向。根据社会道德的标准，可以把性格区分出好坏，但是人格是很难用社会意义来区分的。

个性

时下的年轻人很喜欢个性这个词，喜欢别人评价自己“很有个性”。个性表示一个人的独特性和差异性；而性格着重于总的描述，既能代表一个人，又能解释和说明一个人。前者突出人的个体性，而后者更偏重于人的共性。

小测验

你的性格是内向还是外向？

你可能对自己的性格是内向还是外向不太清楚，那就请你就下面20个问题作出“是”或“否”的回答吧。结果马上就会揭晓。

（1）对人十分信任

（2）能在大庭广众之下工作

（3）不能分析自己的思想和动机

（4）做自己擅长的事情时愿意别人在旁边观看

（5）能将强烈的情绪（喜、怒、哀、乐）表现出来

（6）不拘小节

（7）能与观点不同的人自由沟通

（8）喜欢读书但不求甚解

（9）喜欢经常变换工作

（10）不愿意被别人提示，喜欢独出心裁

（11）喜欢安静

（12）喜欢一个人单独工作

（13）遇到集体活动就不想参加

（14）宁愿节省而不愿意浪费

（15）很讲究写应酬方面的信

（16）经常写日记

（17）不会轻易相信不太熟的人

（18）常回忆过去

（19）在人多的地方会很安静

（20）三思后再作决定

如果你前10道题目的“是”回答得多，那么你的性格是外向的；如果后10道题目的“是”回答得多，说明你的性格是内向的；如果“是”和“否”的回答数量差不多，那么你属于中间类型。

二、关于人格心理学的这些那些

对人格这一话题感兴趣的人远不止理论心理学者或临床心理学家。现在很多想换工作的人常常用人格测试的方法来看自己适合的工作类型；雇主们则越来越倾向于用人格评价来判断准雇员是否适合某种工作；一些畅销杂志中也有很多简短有趣的问答游戏，以了解自己恋人或父母亲人格深处的一些方面。

书店里关于“自我救助”的书籍满坑满谷。这些书为人们提供了有关人格的所有理论，还对那些不喜欢自己人格的人提出建议。最近的一项调查研究显示，现在关于人们自我完善、提升人格的方法已经有四百多条不尽相同的内容，从大脑锻炼到体育运动，五花八门，形形色色。所有这些忠告都源自两个经久不衰的有争议的理论。其一为：大多数人的人格特征在二十来岁时就已经定型，以后将很难改变，所以人们应互相接纳、相互适应。另一个理论则认为人格特征可以重塑，即便不是全部重塑，至少可以做到新的自我不会重蹈覆辙。

由于证明这种或那种观点的决定性论据不足，因而便出现了一些要么互相弥补、要么毫不相容的解释。但确实有一个分水岭可以把这些心理学家们分成两组：一组是致力于找到严谨的科学方法来研究人格；而另一组则认为这种严谨的方法对于人格而言收效甚微。

上面介绍的这些关于人格的理解，只是为了让大家能简单了解一下诸多争论中的一些，对于人格感兴趣，并有探究欲望的每个人都可以积极参与到人格定义的争论中来。因为从通俗意义上来说，“每个人都可以称为心理学家”。

1. 关于人格形成的思考

人格是在遗传与环境交互作用下逐渐发展形成的。那么遗传与环境因素在人格形成中谁起主导作用？就人格状态而言，后天环境的作用更大；但就人格的不同组成来看，遗传、环境的作用则变化的差异性很大，因人而异。例如，人的气质、智力等成分受遗传因素的影响大，而人的性格、价值观等主要受后天环境的影响大。

(1) 生物遗传因素

心理学家对“生物遗传因素对人格具有什么影响”的探讨已持续很久。人格具有遗传基础的一个最好的证明便是比较研究孪生子。受精后卵子经分裂产生的同卵孪生子有着极其相似的遗传特质，因此他们之间的不同应归因于环境影响。相反，由于被分开抚养而处于不同环境的同卵孪生子，在心理上的相似之处就应该归结于他们的遗传特征。通过研究分析这类被分开抚养的孪生子，研究者们发现了基因的重要作用。

艾森克指出：在同一环境中成长的同卵双生子，外倾的相关系数为 0.61，而分开在不同环境下成长的同卵双生子，外倾的相关系数为 0.42；异卵双生子外倾性的相关系数为 – 0.17。一出生便被分开的孪生子中，同卵孪生子之间的相互关系比起异卵孪生子要密切。弗洛德鲁斯等人于 1980 年对瑞典的 12000 名双生子做人格问卷测验，结果表明同卵双生子在外向和神经质上的相关系数是 0.50，而异卵双生子的相关系数只有 0.21 和 0.23。这说明同卵双生子在外向和神经质上的相似性要明显高于异卵双生子，在这两项人格特征上具有较强的遗传性。20 世纪 80 年代，明尼苏达大学对成年双生子的人格进行了比较研究(1984，1988)，有些双生子是一起长大的，有些双生子则是分开抚养的，平均分开的时间是 30 年。结果是同卵双生子的相关比异卵双生子高很多，分开抚养的与未分开抚养的同卵双生子具有同样高的相关。因此，许多研究者得出结论说，家庭环境的变化在人格遗传方面的影响极小。

我们应该如何看待和评价遗传对人格的作用呢？遗传对人格有影响，但是遗传影响有多大，是一个复杂的问题。根据以往的研究，我们认为遗传是人格不可缺少的影响因素，遗传因素对人格的作用程度因人格特征的不同而异，通常在智力、气质这些与生物因素相关较大的特征上，遗传因素较为重要；而在价值观、信念、性格等与社会因素关系紧密的特征上，后天环境因素更重要。人既是一个生物个体，又是一个社会个体。人一出生，各种环境因素的影响就开始了，并会作用人的一生。后天环境的因素是多种多样的，小的如家庭因素，大的如社会文化因素。

（2）社会文化因素

每个人都处于特定的社会文化之中，文化对人格的影响是极为重要的。社会文化塑造了社会成员的人格特征，使其成员的人格结构朝着相似性的方向发展，而这种相似性又具有一个维系社会稳定的功能。这种共同的人格特征使个人正好稳稳地“嵌入”整个文化形态里。

社会文化对人格的影响力因文化而异，这要看社会对文化的要求是否严格。越是要求严格，其影响力就越大。影响力的强弱也要视其行为的社会意义的大小而定。对于不太具有社会意义的行为，社会容许较大的变异。但对具有重要社会意义的行为，就不容许太大的变异，社会文化的制约作用就越大。但是，如果一个人极端偏离其社会文化所要求的人格基本特征，不能融入社会文化环境之中，就可能会被看作行为偏差或心理疾病。

社会文化具有对人格的塑造功能，这也反映在不同文化的民族有其固有的民族性格。社会文化对人格的影响历来就被人们所认可，特别是后天形成的一些人格特征。文化因素决定了人格的共同性特征，它使同一社会的人在人格上具有一定程度的相似性。

（3）家庭环境因素

一位人格心理学家说："家庭对人的塑造力是今天我们对人格发展看法的基石。"家庭是社会的细胞，不仅具有自然的遗传因素，也有着社会的"遗传"因素。这种社会遗传因素主要表现为家庭对子女的教育作用，"有其父必有其子"的话不无道理。父母们按照自己的意愿和方式教育孩子，使他们逐渐形成某些与自己相似的人格特征。

强调人格的家庭成因，重点在于探讨家庭间教育的差异对人格发展的影响，探讨不同的教养方式对人格差异所构成的影响。1949年西蒙斯所著的《亲子关系动力论》一书,详细论述了父母对孩子的各种反应(如拒绝、溺爱、过度保护、过度严格)及对人格所产生的后果。他最后得出的结论是："……儿童人格的发展和他（她）与父母之间的关系息息相关"，这是最重要的一个结论。意味着当我们考虑亲子关系时，不仅要注意它们对儿童心理情绪失调和心理病理状态的影响，也得留意它们与儿童的正常心理、领导能力和天才发展的关系。

综合家庭因素对人格影响的研究资料，我们可以得出以下结论：家庭是社会文化的媒介，对人格具有强大的塑造力；父母教养方式的恰当性，会直接决定孩子人格特征的形成；父母在养育孩子的过程中，表现出自己的人格特点，并有意无意地影响和塑造孩子的人格，形成家庭中的"社会遗传性"。

（4）早期童年经验

中国也有句俗话："三岁看大，七岁看老。"人生早期所发生的事情对人格的影响，历来为人格心理学家所重视，特别是弗洛伊德。西方一些国家的调查发现，"母爱丧失"的儿童（包括受父母虐待的儿童），在婴儿早期会出现神经性呕吐、厌食、慢性腹泻、阵发性绞痛、不明原因的消瘦和反复感染，这些儿童还表现出胆小、呆板、迟钝、不与人交往、敌对、攻击、破坏等人格特点，这些人格特点都会影响他们一生顺利的发展。

（5）自然物理因素

生态环境、气候条件、空间拥挤等物理因素都会影响人格。一个著名的研究实例是巴理（1966）关于阿拉斯加州的爱斯基摩人和非洲的特姆尼人的比较研究。这个研究说明了生态环境对人格的影响作用。爱斯基摩人以渔猎为生，夏天在水上打鱼，冬天在冰上打猎。主食肉，没有蔬菜。过着流浪生活，以帐篷遮风避雨。这种生活环境使孩子逐渐形成了坚定、独立、冒险的人格特征。而特姆尼人生活在杂色灌木丛生地带，以农业为主，种田为生，居住环境固定。这种生活环境使孩子形成了依赖、服从、保守的人格特点。由此可见,不同的生存环境影响了人格的形成。

关于自然物理环境对人格的影响作用，心理学家认为自然环境对人格并不是起决定性作用，更多地表现为一时性影响；自然物理环境对特定行为具有一定的解释作用。在不同的物理环境中，人可以表现出不同的行为特点。

综上所述，人格是先天和后天的“合金”，是遗传与环境交互作用的结果，遗传决定了人格发展的可能性，环境决定了人格发展的现实性。这是研究者们已达成共识的结论。但是，二者是如何交互作用对人格形成产生影响的，又是研究者们面临的新课题。人们试图将二者有机地结合起来，分析各种问题。社会生物学做出了一些尝试，这个领域主要研究生物因素与人的社会行为之间的关系问题。

2. 人格研究的作用

我们认为，人格心理学家所以要了解人格心理学历史的有关内容，有两个重要的原因：

第一，寻找根源是人的兴趣所在，甚至是强迫性的。正像弗洛伊德所说的，“我是从哪里来的？”这个问题可能是儿童“首要而且巨大的生活问题”。寻源常常也是成人认同的关键部分。事实上，心理学的历史越来越让心理学家感兴趣，这一点在美国心理学会（American Psychological Association，简称APA）新发行的期刊《心理学史》（History of Psychology）中有很明显的表现。

第二，研究历史能帮助我们避免重走老路或重复过去的错误。如果我们知道过去曾经发生过什么事，就可以发现有些问题在过去已经提出过，甚至可能已经得到了回答。正像哲学家Santayana（1906）所提醒的那样，“进步，绝不在于变化，而取决于积累……如果经验得不到积累……将永远处于婴儿期。那些记不住过去的人注定会重复过去的老路”。

此外，任何一门学科之所以是现在这种样子，主要是因为其早期研究者阐述了特定的问题，并确立了一些关键的概念。通过了解我们研究领域是如何发展和构建的，我们可以对当前的问题和论点有一个更宽的视角。例如，奥尔波特把“特质”一词作为人格研究新领域的关键概念就对后来的一些问题产生了重要的影响，如人格的测量方法、人格的稳定与变化、“人格”与“情境”在解释行为中的作用以及特质与诸多动机等其他人格概念的关系（Winter, John, Stewart, Klohnen, & Duncan, 1998）等。

小知识

抑郁是什么?

当前人们最关注的一个话题就是抑郁。同时另一个和抑郁相似的词“郁闷”几乎成了很多人的口头禅。据有关人士估计,“目前,中国有超过2600万人患有抑郁症”,其实很多人都能够简单地体会抑郁的状态,如果你经历过较长时间的悲伤,对什么事情都不感兴趣也不想做,那么你可以称这样的阶段为“蓝色时期”或者“抑郁时期”。大多数人都会有心境、兴趣和精力程度的变化,但是有些人似乎比别人更容易抑郁。人格心理学家们对抑郁做出了不同的解释。

精神分析学派的奠基人西格蒙特·弗洛伊德认为抑郁是一种转向内心的愤怒。处于抑郁中的人存有一种无意识的愤怒和敌意感,这是一种无意识水平的表现。

特质理论家重在查明哪些人容易抑郁。他们发现一个人是否有严重的抑郁状态,就是看这个人过去是否曾为抑郁所困,因为抑郁作为一种特质应该是相对稳定的。

人本主义流派的人格学家用自尊来解释抑郁,即经常抑郁的人是那些不能建立良好的自我价值感的人。自尊是人格内涵中的重要概念。

行为主义流派考察的是导致抑郁的环境类型。行为主义者认为,抑郁是由于生活中缺乏积极强化物所致。也就是说,你觉得日子过得没意思,不想做事,是因为你没有看到生活中有什么值得干的事。当处于不可控制的事件中,会使人产生一种无助感,并且泛化到其他情境中。

认知人格心理学家认为,当人们觉得自己不能控制事件时，他们必须用一定的方式解释为什么不能控制。

为什么一些人比另一些人更容易遭受抑郁困扰？对于这个问题用认知人格心理学来解释就是，人们会保持一种稳定的方式来解释事件，经常抑郁的人更倾向于以导致抑郁的方式来解释不可控制的事件。

3. 世界人格纵览——文化心理学的异军突起

关于人格发展的研究，传统的方式是建立在一种假想的基础之上：在每个人个体内存在一个普遍的心灵内核。因此在讨论各种文化背景下的人格怎样不同、为什么不同时，研究人员便理所当然的认为世界各地的人都有共同的基本心理框架；而细节的不同，包括具体人格的不同，只是偶然现象，因文化与文化的差异所致，正如一种世界共同的语言在各地区会出现不同的方言一样。

然而，文化心理学创始时期的学者们持不同观点——文化变异的原因很多，但心理的差异绝非偶然。正如芝加哥大学的理查德·施威德尔（Richard Shweder）所说：文化与心灵的“相互联系是紧密无间的”。按照这个逻辑，心理不仅仅是受到文化环境的影响，而且在本质上是由文化环境构成并定义的。文化心理学家认为，承认心理上的基本不同点，是填补世界不同民族之间鸿沟的基本条件。

文化心理学家不是企图跨越社会界限推行西方模式，而是致力研究每一种文化内部各种影响的奇特组合，一种独特的心理是如何产生的。一些研究者考察了这样的因素：自我的观念，语言的影响、影响的途径，以及一种文化的道德信仰。这一切都是为了理解一种心灵是如何形成的，它在一种文化环境中是如何发挥作用的。在重新评估社会与人格之间的联系时，文化心理学没有把过去的结论看作理所当然，尤其是关于人格的概念。即便关于人的构成的观点，一个社会与另一个社会也是不一样的。

例如，文化心理学家马库斯和北山信夫指出，在大部分亚洲社会中，自我通常是与一个团体相联系的。甚至日语中的自我一词，是指“在共同分享的空间中自己的那一份”。但是大多数西方文化认为自我是一个独立的自治力量，与环境是分离的。

马库斯和北山承认，崇尚个人主义的美国人，在行动上却经常是相互依赖的；而亚洲普遍有团体取向的社团成员，却能够进行真正的自主行动。但是他们两人已经促使同行们认识到这些不同的自我模式对个人的思想、情感和动机所产生的重大影响。

在一项研究中，要求来自两种文化的被试者描述一下他们认识的人。美国人会用“她很友好”之类的话，而印度的土著居民则用一些具体的来龙去脉和行动来谈论他们的朋友——比如，“她在节日时常给我们家送些点心”。这说明前者会比较人的品行，后者则是人们之间的交互关系。

这些不同的透视角度，在两种文化混合的时候，可能是造成人们迷惑状态的根源。例如，一个美国主人请一位亚洲客人自己选择饮料时，亚洲人很容易谦让，而主人可能觉得客人的反应不明朗，态度很含混。实际上，客人的反应很可能出自东方人普遍的期望，即高雅的主人应该为客人选择好饮料才是。

小知识

21世纪的人格心理学——网络中的自我

当人们坐下来准备上网时，大多数人会问自己一个迫切的问题："今天我要是谁?"互联网生活丰富多彩，其中之一就是可以为自己创造一个新身份。你可以大胆的叫做"本·拉登"，也可以叫做"邻居家的小六子"，当然这些名字还可以随你的喜欢换来换去，用网络中的流行语言来说，这叫"天天换皮肤"。

当人们进入聊天室，你可以决定自己是男人，而不是女人；是一个成功的管理人员，而不是一个大学二年级的学生，互联网把各种可能自我生动地带入日常生活。接下来讨论的是这些网络自我给我们的生活带来的美好一面。

现实中，人们被限制在非常狭窄的范围来表现自我，使自己感到很沉重，在和家庭成员、朋友、老板、同事的不断交往中必须保持一致。互联网可以让我们打破这种限制，这些沉重。我们可以用匿名的方式在网上表达新的兴趣或探索新的观念，而不必担心在现实中会产生的后果，也不需要自己做出客观的变化（如，男人可以在网上假装自己是女人），人们可以在网上扮演各种可能自我，这些自我跟他的理想自我要更为接近。

事实上，研究者已经证实，人们对压抑的自我进行宣泄能带来更大的自我接受，研究者收集参加网络新闻组的边缘性角色者（如，同性恋）的信息，从积极参加者那儿获得匿名数据。结果表明，网络新闻组的参加者能更好地接受自我。实际上，有37%的参加者向其他人透露了边缘性角色的秘密。

以上我们主要讨论互联网带来的积极的一面：人们能扩展自我经验；能通过表明自己的身份来获得健康和自我接受。当然，这样做也会有一定的危险，匿名可能使他们的生活以某种方式分裂，从而导致不适应行为，或者是内向、害羞、不善与之交往等等。但我们仍然希望大多数人可以从互联网中获得自我探索、自我成长的机会。

第二章　古典精神分析人格理论

弗洛伊德替这代人寻求到一个更深入的世界观，科学的使命是教导人类如何在这个艰难的星球上脚踏实地，勇往直前。使命艰巨，而弗洛伊德的奉献不可或缺。他直指人心，但愿人类对自身会有进一步的了解。

——茨威格

在整个19世纪，科学尚未发达的时代，弗洛伊德从生活中的点滴入手，研究出人类潜意识的存在，开创了一个人类认知自我的新纪元。可以说，弗洛伊德的精神分析理论是当代心理学史上第一个系统的人格理论。

一、英雄自有出处——弗洛伊德简介

按照弗洛伊德的观点，一个人成年以后的思想、人格在很大程度上植根于他过去的生活经历，那么，若要理解弗洛伊德的思想，就应该了解一下他的生平。

西格蒙德·弗洛伊德于 1856 年 5 月 6 日出生在奥地利弗赖堡的一个犹太人家庭，父亲是个羊毛商。在弗洛伊德 4 岁时，全家迁居到了维也纳，在那里，弗洛伊德一直住到 1938 年——由于受纳粹迫害而不得不避难伦敦。弗洛伊德的母亲是他父亲的第二个妻子，在弗洛伊德出生时，父亲已经 41 岁了，母亲才 21 岁。父亲与第一个妻子有过两个儿子，在弗洛伊德出生的那一年，父亲同时也做了祖父；而母亲则正好与父亲前妻的次子同岁。这样的家庭结构，加上弗洛伊德又是他母亲所生的六个孩子中的长子，深得她的宠爱，这使得弗洛伊德和他的母亲之间建立起了一种相当深厚的强有力的依恋关系。弗洛伊德与父亲的关系同与母亲的关系恰好相反，母亲赞许他、溺爱他，允许他充当兄弟姐妹中的王，但父亲则没有这样偏袒，有时对他显得冷漠和粗暴。比如，父亲会因为他的淘气而大发雷霆："这孩子绝不会有什么出息！"这和母亲对他的评价形成很大的反差。种种迹象表明，弗洛伊德早早地对父亲存有潜在的反逆心理，他的早年生活是在极度贫困中度过的。

弗洛伊德聪明好学，17 岁就考入维也纳大学医学院。在大学学习期间，弗洛伊德最初对生物学感兴趣，曾解剖了 400 多条雄鳝来研究它的生殖系统。虽然没有突出的研究成果，但是他第一次接触到了性的研究。此后，他的兴趣转到了生理学，在著名的生理学家布鲁克的实验室工作，这位专业严谨的学者的人格对年轻的弗洛伊德产生了不可磨灭的影响。1882 年，弗洛伊德爱上了他妹妹的朋友玛塔·贝尔纳斯。玛塔比弗洛伊德小 5 岁，出身于汉堡一个颇有名望的犹太家庭。弗洛伊德很快认识到自己必须干一种比较实际的工作，而不是那种纯粹的研究。他对玛塔说："我要娶你，让你过上幸福舒适的生活。"正是这句情侣间的誓言，使得世界上少了一名外科医生，而多了一名伟大的心理学家。4 年后，弗洛伊德开起了自己的诊所，与玛塔结婚时，弗洛伊德写给玛塔的信已经很厚很厚，而玛塔为两个人的家庭所编制的窗帘、被子、毛巾之类的东西则是 20 年也用不完。弗洛伊德有一个漫长和幸福的婚姻，他与玛塔共同生活了 53 年，育有 3 男 3 女，最小的女儿安娜·弗洛伊德（Anna Freud）后来也成了一位著名的精神分析学家。

二、心理的无意识机制

有史以来，神经性疾病一直是不解之谜。

维也纳综合医院神经科医生弗洛伊德几乎每天都要面对这种病症的发作：身体扭曲、言语恍惚、举止怪异、行为错乱。而医生对精神病通常的治疗方法是：镇静、电疗、囚禁，直到有一天病人自伤或是自杀，这种无法治愈的病痛才会结束。

1885 年，弗洛伊德来到巴黎，见到了世界上第一个开设神经病诊所的沙科教授。沙科教授鼓励弗洛伊德去发现一些潜藏的事实真相。他告诉弗洛伊德："人们都说我有所谓的第六感官，我告诉你这第六感官是什么，这是一种高度诚实的直觉，依靠多年严格的观察和探索，提出前人未提出过的问题并寻求其答案。"

在老师的鼓励下，弗洛伊德为人类描绘了一幅立体的心理结构图。所谓传统的“心理”只是这一结构的表面，即意识层，而在心理结构中还存在着一个比意识层更为广袤、复杂、隐秘和富于活力的潜意识层面。如果说人的心理如同一座在大海上漂浮的冰山的话，那么意识只是这冰山浮在海面上的可见的小部分，而潜意识则是藏在水下的更巨大的部分。潜意识层面又可以分成两部分：一是无意识层，它由各种受到压抑或者被遗忘的情绪、欲望、动机所组成，失去了与正常交流系统的联系，几乎无法进入人的意识和理性层面。二是前意识层，它是意识和无意识的中介层面，其心理内容在一定条件下可以从无意识状态转变为意识状态。

用弗洛伊德的比喻，无意识好像一个大前房，与它紧紧相连的是一个小房间，这是意识的住所。通向两个房间有一扇门，门口站着一个守门员。在无意识房前的冲动和欲望，若走近门口，就会被逐回，所以它们只好压抑下来。

借助于这一立体结构，弗洛伊德指出，原来心理学为人们所描绘的以理性意识为中心的精神生活图简直是自欺欺人，心理的基本部分和基本力量都来自于鲜为人知的无意识领域。弗洛伊德有个“心理决定原则”，这个原则的依据是：人的一切行为绝非偶然，也不是没有意义的。因为一切行为表现都是无意识的心理因素所引起的或者是激发出来的。他运用这个原则来解释遗忘、失言、口误、笔误等一些看起来是很“碰巧”的事情。

口误又被称为“弗洛伊德口误”，是解释无意识的最好例子。有一位丈夫，在向朋友介绍自己妻子的时候，竟发生了这样的口误：“简和汤姆，我想让你们见见我的不和。”（这位丈夫把“妻子”—“wife”误说成“不和”—“strife”）在弗洛伊德看来，为什么会把 wife 说成 strife，而不是 life 之类的词语呢，这是因为这个 strife（不和）的词对丈夫而言有种特殊的无意识的意义，具有一种情感。除了把这种情感伪装成“口误”的形式表达出来外，他是无法公开表达的。

三、不同声音的对抗——人格结构理论

当你走进一家很高档的酒店等人时，服务生为你递上一份菜单，你看了那些价格不菲的食物之后，很优雅地说，“请先给我来杯冰水，我在等人”。在说这句话的时候，你的脑袋里可能会出现好几个不同的声音。一个会说，“我想要一杯香醇的咖啡”，另一个会说，“这里的东西这么贵，简直是在抢钱，什么都不要买”，还有一个会说，“看在钱的份上，买咖啡是不划算的。但是人家都在你的面前，如果什么都不叫，会被看不起的，干脆叫一个便宜的水好了”。这样你实际中的声音就发出了，折中了自己三个声音的意思。

弗洛伊德为上面的三种声音定义了不同的名字，即本我、自我、超我，并认为人格是由这三个部分组成的。

本我是指原始的自己，包含生存所需的基本欲望、冲动和生命力。本我是一切心理能量之源，本我按快乐原则行事，它不理会社会道德、外在的行为规范，它唯一的要求是获得快乐，避免痛苦，本我的目标乃是求得个体的舒适、生存及繁殖，它是无意识的，不被个体所觉察。喝咖啡就是本我的想法。

自我，在德文原意即是指“自己”，是自己可意识到的执行思考、感觉、判断或记忆的部分，自我的机能是寻求“本

我”冲动得以满足，而同时保护整个机体不受伤害，它遵循的是“现实原则”，为本我服务。考虑到现实中自己荷包的情况，最后买了一杯冰水就是自我的决定。

超我，是人格结构中代表理想的部分，它是个体在成长过程中通过内化的道德规范，内化社会及文化环境的价值观念而形成，其机能主要在监督、批判及管束自己的行为。超我的特点是追求完美，所以它与本我一样是非现实的。超我大部分也是无意识的，超我要求自我按社会可接受的方式去满足本我，它所遵循的是 “道德原则”。在酒店中那个什么都不要的声音就是超我对自己的约束，力求自己节俭，不能铺张浪费。

广义地说，弗洛伊德认为人的本能驱动力是性，人的精神活动的能量来源于本能，本能是推动个体行为的内在动力，并且在一定程度上表现出一定的次序。他认为人类最基本的本能有两类：一类是生的本能，另一类是死亡本能或攻击本能。生的本能包括性欲本能与个体生存本能，其目的是保持种族的繁衍与个体的生存。就像第一次世界大战时，在战场上出现士兵对炮弹休克的现象（又称为弹震症）。后来，他又补充了死本能的内容。死本能或者死的愿望可以解释自杀和酗酒、吸毒以及其他危害生命的行为。

弗洛伊德是泛性论者，在他的眼里，性欲有着广义的含义，是指人们一切追求快乐的欲望，性本能冲动是人一切心理活动的内在动力，当这种能量（弗洛伊德称之为力必多）积聚到一定程度就会造成机体的紧张，机体就要寻求途径释放能量。

四、以性的色彩看人格——人格发展阶段

弗洛伊德把儿童的吮吸、大小便训练和对母亲的依恋三件事情赋予了无限的性的意义，还认为这三件事情最终会影响个体人格的形成。因为，儿童通过每个阶段，能量也会相继集中在口唇、肛门和生殖器上。儿童在不同阶段发展时，也许会固恋在这个阶段。“固恋”是指由于过分的满足而引起的，例如，让孩子吮吸的时间过长，突然给孩子断奶，就会让孩子出现固恋状态。固恋导致孩子的心理发展倒退。弗洛伊德将人的心理发展划分为五个阶段：口唇期、肛门期、性器期、潜伏期和生殖期。

1. 口唇期

刚生下来的婴儿就懂得吸乳，乳头摩擦口唇黏膜引起快感，叫做口欲期性欲。过早或者是过于苛刻地给婴儿断奶都会造成婴儿固恋在口唇期。这个时期过分满足的吮吸者容易表现出乐观、依赖、慷慨和愉快，期待着得到稳定的收入，喜欢吃软性的食物。而受到挫折的吮吸者则容易悲观、急躁、残忍，或者表现出敌意。弗洛伊德比喻那些喜欢“讽刺”别人的人就是“口唇施虐”者，就是来自于这个阶段的固恋。

2. 肛门期

1 岁半以后学会自己大小便，粪便摩擦直肠肛门黏膜产生快感，叫做肛门期性欲。肛门期的儿童从排泄中得到满足，也可以从便秘中得到满足。儿童倾向于把粪便看作是自己的财产，除非父母阻止，他们会玩弄粪便。而当父母训练孩子进行

大小便时，孩子保存自己粪便的想法和愿望就遭到拒绝，让他产生挫折，结果容易出现肛门型性格。肛门型的人格特征可能包括：拖延，固执，无力完成委托，追求整齐，对身外之物很感兴趣。肛门型的人格还特别喜欢存储东西，就像儿时对待自己粪便一样小心（不肯排泄，压在肠子里），巴尔扎克笔下的葛朗台就是肛门型人格的典型代表。

3. 性器期

儿童到 3 岁以后懂得了两性的区别，开始表现出对异性父母喜欢，对同性父母嫉恨，这一阶段叫性蕾期，其间充满复杂的矛盾和冲突。儿童会体验到恋父情结和恋母情结，这种感情具有一定性的意义，不过只是心理上的性爱而非生理上的性爱。这个时期儿童会把父母作为自己性力的对象，这种现象对儿童人格的形成有重要影响。儿童会把自己和同性别的父母等同起来，在行为上也模仿他（她），因此男孩的性格像父亲，女孩的性格像母亲。

4. 潜伏期

弗洛伊德认为儿童时期的性冲动，在潜伏期阶段大部分是受到压抑的。由于这个阶段（大约 6—12 岁）儿童已经形成了道德感、美感和羞耻心，这与儿童那毫不掩饰的性力是冲突的。因而，在家庭教育和社会道德的约束下，在身体发育的推动下，儿童这个时期的性欲望已经转移到其他活动中去。这就是弗洛伊德所说的 “升华”，即不是把能量消灭，而是将能量转移到更高的活动层次中去。

5. 生殖期

只有经过潜伏期到达青春期性腺成熟才有成年的性欲。成年人成熟的性欲以生育繁衍后代为目的，这就进入了生殖期。弗洛伊德认为成人人格的基本组成部分在前三个发展阶段已基本形成，所以儿童的早年环境、早期经历对其成年后的人格形成起着重要的作用，许多成人的变态心理、心理冲突都可追溯到早年期创伤性经历和压抑的情结。

性力发展与人格特征的关系

年龄	阶段	快乐源泉	对人格发展的意义
1岁	口唇期	唇、口、吮吸、吃、咬手指。在长牙以后，快乐来自于咬牙。	依赖于他人的人格。 “掺合性口唇期”表现为同化、占有、获得。 “攻击性口唇期”表现为冷嘲热讽，好辩论。
2岁	肛门期	忍受和排出粪便，肛门紧张和松弛的控制。	“肛门忍耐性”表现为忍耐、吝啬和强迫。 “肛门排放性”表现为凶暴、毁灭和没有秩序。
3—5岁	性器期	生殖部分的刺激和幻想，恋母或恋父。	与同性父母的形象进行同化，接受这种性别认识，发展超我，形成与年龄、性别相适应的多种特征。
6岁—青春期	潜伏期	性的冲动受到压制，快乐来自外部世界，以获得好奇心和知识而得到满足。	社会认知和行为发展起来，在这个阶段获得很多生活的技能和本领。
青春期—成年期	生殖期	有性对象，成熟的性关系。	由自恋到恋他人，有利他的动机。从对父母的依赖中解脱出来。

五、伟大的人物也有缺憾——如何评价他

弗洛伊德从人类心理冲突的角度去理解潜意识的产生与作用。他的发现不仅意味着医学的进步，还打破了人类思想与生活中的许多假象，扩展了人类对精神生活的感知。他对梦的层层揭示触及了人类精神世界最难以接近的部分。他是

第一个完整系统地提出人格理论的人。精神分析引导着人类更透彻地了解自己。上个世纪达利的绘画、劳伦斯的小说、希区柯克的电影、马勒的音乐都是在弗洛伊德对生命潜意识的基础上成就的。

爱因斯坦对弗洛伊德说："直到最近，我还只能理解您的思路中的思辨力量，以及这一思想给这个时代的世界观所带来的巨大影响。据我判断，只有用压抑理论才能对它们作出解释。我很高兴自己遇到了这些例证。因为，当一个伟大而且美丽的构想与现实相吻合的时候，它总是令人愉快的……"

但弗洛伊德忽视和贬低意识的地位和作用，过分夸大潜意识。把无意识的本能、欲望说成是一切行为的基础和动力，而把意识和理性仅仅看成是本能和欲望的伴随因素，这是不符合人的实际情况的。弗洛伊德还把性本能看成人的活动的主要动力，把人的各种活动都看成是性本能的表现，表达了他泛性论的思想。性本能只是人的本能的一种，而且只有当人成长到一定年龄才表现出来。他把婴儿吸吮母亲奶汁的活动说成是性本能的表现，把人们在科学技术、文化艺术上的创造活动说成是性本能的升华，这是一种主观臆造。鲁迅在批判弗洛伊德的泛性论时说："他恐怕是有几文钱，吃得饱饱的罢了，所以没有感到吃饭之难，只注意于性欲……他也告诉过我们，女儿多爱父亲，儿子多爱母亲，因为异性的缘故。然而婴儿出生不多久，无论男女就尖起嘴唇，将头转来转去，莫非它想和异性接吻吗？不。谁都知道：孩子是饿了，要吃东西！"

总之，弗洛伊德的学说，仁者见仁，智者见智。崇拜他的，把他看作是与马克思、爱因斯坦相媲美的伟人，诋毁他的，把他看作是"一头冲进人类文明花园的野猪"。但无论如何，弗洛伊德通过对人类内心世界的深刻洞察、对人性本质的探索而形成的人格理论及其整个学说，对于我们今天的人格研究仍有重要意义。

阅读篇

这样的真知灼见一生中顶多能撞上一次

1899年，弗洛伊德的《梦的解析》出版了，被认为“惊世骇俗”。

而弗洛伊德自己说：“这样的真知灼见一生中顶多能撞上一次。”

除非人类勇敢正视它，否则便难以控制，这就是潜意识的力量。弗洛伊德发现了人类的潜意识，并在《梦的解析》中分析了潜意识的表象——梦。弗洛伊德将别人不敢接收的疑难精神病人接收下来，搜索每位患者在实际生活中受到过的心理创伤，分析他们每一次的怪异梦幻是如何形成的。

历史上沿用两种方法解释梦。第一种称为“符号性释梦”，将梦看作一个整体，利用相似性原则，尝试着用另一个内容取代。例如，如果梦见先出来 7 头壮牛，再出现 7 头瘦牛，就可以解释为将出现 7 个灾年，并预言这 7 年会把以前丰收的 7 年的盈余耗光。第二种释梦法称为“密码法”，就是把梦看作是个密码，其中的每个符号都有一定的意义，可以逐一解释。例如，梦到一封 “信”和一个“葬礼” ，去查看以前的《释梦天书》，可以发现 “信”是懊恼的代表，“葬礼”是“订婚”的代号，由此从这些风马牛不相及的东西里来获得可靠的意义联系，做出对将来的预测。

弗洛伊德的释梦法是建立在密码法的基础上。他认为梦是由许多元素组成，并区分出梦的“显意”（说得出来的意思）和“隐意”（背后隐含的意思或者联想而获得的），再借助梦者的联想及释梦者对象征的解释，从显意中推论出一个隐意来。

他认为梦的方式有四种：

⊿凝缩。是几种隐意用一种象征的方式表现出来。

⊿换位。被压抑的观念和情感转换成了一个很不重要的观点，但在梦中却占很重要的位置。

⊿戏剧化。用具体的形象来表示抽象的欲望。

⊿润饰。醒来之后在陈述梦时把梦里错乱的材料加以条理的解释。

下面是一个弗洛伊德对梦的分析的例子：

一个年轻女人于多年以前已经结婚。某晚做了这样一个梦：她和丈夫在剧院看戏，前面座位有一排是空的。她丈夫对他说爱丽丝和她丈夫也想来看戏，但只能用一个半的弗洛林（钱币名称）买三个差位置，他们当然不要的。她当时说，不来看也没有什么损失。

弗洛伊德的分析是：梦者陈述的第一件事就是显意的暗示。她丈夫确实曾说过，和她年纪差不多的朋友爱丽丝已经订婚了。这里就是对这个消息的反应。就梦而言，显意里的其他元素也被梦者道破了。有一排座位是空着，是什么意思呢？是指这个女人前一个星期去看戏，害怕看不到，提前预订位置，多花了不少钱。而到剧场才发现，自己的担忧是多余的，因为有一排位置完全是空的，即使是当天来买票，也可以买得到。她的丈夫嘲笑她太匆忙了。那一个半的弗洛林又是什么意思呢？这和看戏完全没有关系，指的是前天听到一个消息，说她的嫂嫂接到丈夫寄来的150个弗洛林，便匆匆跑到珠宝店，全部用来买了一件珠宝。何以是个数字三呢？她一无所知。

对此，弗洛伊德的解释是，如果把“那三张票”和一个丈夫联系起来，就好解释了。梦者是看不起自己的丈夫，而且后悔结婚太早了。

这些天书般地编译不亚于谍报工作，虽然不一定科学，但逻辑推演的要求却非常高，只能由弗洛伊德这位大师来阐述。

六、与古典精神分析相关的一项研究——防御机制

人生的逆境十有八九，当生活中遭受到挫折和不幸的时候，如何能调节自己，才能达到心理上的稳定和平衡呢？人们都是怎么处理自己的想法和欲望受到阻碍的情况的呢？

弗洛伊德把我们带到了一个神奇而又美妙的“心理防御”世界中去。

他认为防御机制是个体保护自己心态平衡的一种防卫功能。很多时候，人会因为种种的原因而处于焦虑和痛苦之中。超我与本我之间，本我与自我之间，经常产生矛盾和冲突，这时自我会在不知不觉之中，以某种方式，调整冲突双方的关系，使超我的监察可以接受，同时本我的欲望又可以得到某种

形式的满足，从而缓和焦虑，消除痛苦，这就是自我的心理防御机制。

一般来说就是在人们遇到困难时，所采取的一种能够回避面临的困难，解除烦恼，保护心理安宁的方法。换句话说，由于运用心理防御机制，就免除或减轻了心理痛苦。但运用过分，就是病态了。

弗洛伊德提出的防御机制有两个共同点。第一，它们都是在无意识的水平上进行的，有一些自欺欺人的味道，但本人并不知道自己是在做自我防卫；第二，防御机制是在伪装或歪曲一些事实，以达到减轻自己的焦虑和罪恶的感觉。另外，防御机制并不总是单独使用的，往往是几种方法同时使用。而且，无论是正常人还是神经症患者都会使用防御机制来维持心理平衡。

防御机制包括压抑、投射、退化、隔离、抵消、转化、合理化、补偿、升华、幽默、反向形成等各种形式。这些方法运用得当，可减轻很多内心的不适和痛苦，帮助自己渡过心理难关；但也经常会有“过犹不及”的现象，如果防御机制运用不合适或者是使用过度也会表现出焦虑抑郁等不健康的心理症状。

1. 压抑

压抑就是当一个人的某种观念、情感或冲动不能被自己接受时，就被压迫到无意识中去，使个体不再而产生焦虑、痛苦，这是一种主动遗忘和抑制。

从心理能量平衡的角度来说，压抑是一种很消极的防御方式，因为无意识仍然需要寻找出路，为自己不安的心找个家。生活中压抑的事很多，比如很多人宁愿相信自己能中六合彩而不愿去想自己出门可能会遇到车祸，其实后一种的可能性远远比前者大，这是一种压抑机制不自觉的运用。人为了避免焦虑故意遗忘或者是让自己决定不要想这样的事情。人们更多的时候就会像《乱世佳人》中的斯嘉丽一样，大声反复地说，“我现在不想这些啦！我明天再去想这些事情，我现在已经够受的了！”

再比如，一位中年妇女的独生女于15岁时死于车祸，事情发生在10月。当时她非常痛苦，经过一段时间以后，她把这不堪忍受的情绪抑制、存放到潜意识中去，将其“遗忘”了。这些潜意识中的情绪不知不觉地影响她的情绪，果然她每年一到10月都会出现自发的抑郁情绪，自己也不知道为什么，任何治疗都没有效果。

2. 投射

投射是指个体将自己不能容忍的冲动、欲望转移到他人的身上。

这种防御机制可以把我们的错误、失误都归咎给别人，也可以把自己的欲望、态度、情绪之类的也转移到别人身上。简单地说，就是“借题发挥”或者是“以小人之腹度君子之心”。在《伊索寓言》中，有一只狗叼着骨头路过桥边，看见桥下水的影子中也有一只狗，它以为有另一只狗要来抢它的骨头，赶紧大叫一声，而骨头也就掉到了水里。水中的影子正是自己的映像，想抢骨头的愿望也是在倒影中表现出来的，与其说别人想抢它的骨头，不如说自己害怕别人要来抢骨头。这就是投射。

3. 倒退

倒退是指当人受到挫折无法处理时，就放弃已经学会的成熟态度和行为模式，使用以往较幼稚的方式来应付。

例如某些性变态病人就是如此。成年人遇到性的挫折或者在恋爱过程中受到打击后无法满足自己的欲望时，就用儿童时期的性欲方式来表达非常态的满足，例如在异性面前暴露自己的生殖器，出现露阴癖等不良的举动。

4. 隔离

隔离是人们将一些不快的事实或情感分隔于意识之外，以免引起精神上的不愉快。

当身边的人死去的时候，我们因为伤痛而会刻意逃避。当向第三个人陈述时，大家都不愿意直接表达出“死”这个词语，而会说他“仙逝”、“归天”或者是“没了”，但从不直接说“死了”。这就是一种隔离的做法。

5. 抵消

抵消就是以象征性的行为来抵补以往发生过的痛苦事件。

有学者研究强迫症患者时发现，强迫症的人经常重复的固定动作，一般都是用来抵消无意识中混乱的感情和其他痛苦的体验。有这样一个事例，某个幼儿园的儿童在操场上玩耍，突然看到院内施工的一个工人从梯子上掉下来，被人送往医院。老师们都担心孩子会因为这件事情受到惊吓，而儿童用自己的行为化解了教师的担忧。因为在之后的一段时间里，孩子们会经常玩抬伤员和救治伤员的游戏，使用了抵消的方式来缓解和降低心理的恐惧。

6. 转化

转化是指将精神上的痛苦和焦虑等负面情绪和体验转化为躯体症状表现出来。

使用转化这种方法可以避开心理的焦虑和痛苦。例如，弗洛伊德在治疗过程中发现，歇斯底里病人的内心冲突往往是以躯体化的现象表现出来，如瘫痪、失音、抽搐、痉挛等等，但患者自己对此却完全不知道，转化的动机是潜意识的，而且也是患者的意识所不能承认的。

7. 补偿

补偿是指利用某种方法来弥补其生理或心理上的缺陷，从而掩盖自己的自卑感和不安全感。

所谓“失之东隅，收之桑榆”就是这种作用。“塞翁失马，因祸得福”也是补偿的防御心理。

8. 合理化

合理化是个体遭受挫折时会用一些理由来为自己解释和辩诉。

合理化的好处是可以加以修饰，隐瞒自己的真实动机，或者让自己的道德和规范的原则可以通融一下，为自己进行开脱。常见的就是“酸葡萄效应”和“甜柠檬心理”，吃不到葡萄的时候就说葡萄是酸的；而只能吃到柠檬，就一定认为柠檬是甜的，降低自己的不安。

9. 升华

升华是改变原来被压抑的或不符合社会规范的冲动和欲望，用符合社会要求的建设性方式表达出来。

通过升华作用，可以使自我改变冲动的目的和对象，而不是压抑它们的表现。一般说来，当把压力变为另外的动力时，会具有创造性和建设性的意义和价值。例如，达·芬奇的《圣母像》就是在他对其母亲感情的升华之后创造出的艺术珍品。

弗洛伊德认为，升华是最高水平的防御方式，只有一个人在很成熟和健康的时候，才会采用升华作为防御方式。

10. 幽默

幽默是指用幽默化的语言或行为来应付紧张的情境或表达潜意识。

使用幽默来表达攻击或性的欲望，可以不必担心自我或超我的抵制。在人们的幽默中关于性、死亡、攻击等话题是最受人欢迎的，它们包含着大量的受压抑的思想。幽默还可以帮助人们解决尴尬的情景，化解自己的窘迫。

如在某个大学的讲座中，学生向该校的党委书记提问，问题都很难缠，但这个书记就用幽默解决了不友善的提问，而赢得学生的好评。

学生问：你是怎样一下子就变成党委书记的？

书记答：我是先成为共产党员，然后才变成党委书记的。不是一下子，而是两下子。（学生鼓掌，大笑）

学生问：有人说蹦迪扭屁股是颓废，你同意吗？

书记答：我不同意。中国的新疆舞可以扭脖子，蒙古舞可以扭肩膀，为什么蹦迪不能扭屁股，不都是身体的一部分吗？

学生问：有的人穿着时髦，但说话却非常脏，怎么理解这种现象？

书记答：这就叫做形式和内容不统一。

11. 反向

反向是指为了控制自己某些不符合社会道德规范的欲望或冲动，而有意识做出相反的举动。

这种防御过程一般是分两步实现的。第一是先压抑自己的冲动；第二把想法的反面暴露到意识的水平上。古语中的“欲盖弥彰”和“此地无银三百两”都是反向的表现。

反向又称“矫枉过正”现象，由于人有很多原始的行动欲望，是自己和社会所不能容忍的，所以常被压抑而潜伏在潜意识中。但它们仍有极大的动力，随时在伺机蠢动。

人们害怕它们可能会突然冒出来，不得不加以特别防范。例如，有很强烈的吃手指想法的小孩，见到妈妈就马上把双手背在身后，声称 “妈妈，我没有吃手指”。还有的人对报复对象内心憎恨，而表面却非常温和，过分热情。所以说，如果当你发现周围某个人的一些行为比较过分的话，那可能表明他潜意识中存在的是和他的行为刚好相反的欲望。

弗洛伊德是从病人那些语无伦次甚至是疯狂混乱的病情记录中，仔细分辨深藏在表象背后的各种症结，再通过和病人的对话交流，推演出逻辑的病情起因，也提出了合理的防御机制的解释，后来由他的女儿安娜·弗洛伊德进行整理完善。这样做的过程千辛万苦，但是，弗洛伊德知道，“即使在第一千次尝试时你还是一个失败者，只要第一千零一次获得了成功，你就是一个天才”。他成功了，他将人类神经性疾病的解释和治疗由躯体空间引至心理空间，从而对人类神经行为疾病的识别与治疗拥有了更科学的方法。

第三章 新精神分析人格理论

一棵大树矗立在树林的中央，大树上掉下来很多树籽，这些种子又重新长大，成为新的树木，变成一棵棵幼树，仍旧环绕依偎在大树的身旁。

——杰瑞·伯格

这是非常形象的比喻，古典精神分析和新精神分析的关系就像杰瑞所说的一样，是大树和环绕大树的幼树。“小树”们建立在“大树”根基的基础上，承认“大树”对于无意识的重要性的认同，也看中童年经历对人格的影响，但是每棵“小树”又都以自己的方式成长和壮大。

一、共同的基调

新精神分析学者反对弗洛伊德泛性论的思想，认为影响人格的因素不仅是性本能，人格还要受到社会文化的影响；而且他们也反对弗洛伊德提出的成年人的人格在儿童时期的五六岁时就已经形成的论断，新精神分析者认为童年的经历固然很重要，但是青春期和成年初期的经历在个人的形成过程中也是非常关键的。

新精神分析人格理论的共同点在于：

（1）否认性的重要性，取而代之的是对社会环境和文化的重视，所以新精神分析也常被称为文化学派。

（2）重视现象的发生，研究人的发展，从而探究发展过程中人格的成长和变化。

（3）与弗洛伊德主张的性恶论不同，新精神分析倾向于人性是善的。认为人的本质是善的，是理性的。恶的轨迹源于社会。

波林曾经说过，从古典精神分析到新精神分析是有一定历史背景的，如果弗洛伊德年幼时在摇篮中夭折，那么也一定会有另一个弗洛伊德诞生，因为弗洛伊德是这个时代的产儿。当时代发生变化时，另一个弗洛伊德式的流派和人物也会诞生。

二、弗洛伊德的“皇太子”——荣格

1. 宗教家庭中长大的孩子——荣格生平

荣格于 1875 年出生于瑞士东北部一个小乡村里，他的家庭是一个牧师家庭，他的父亲和几个叔叔都是牧师。浓厚的宗教气氛很大程度上培养了荣格的神秘主义倾向。荣格的童年生活是孤独的。他有两个哥哥，但都在他出生之前夭折了；他的父母不和睦，经常吵架，母亲的性情反复无常。荣格常常是一个人玩，自己设计出各种模仿宗教仪式的游戏；常常沉湎在梦、幻觉和离奇的想象中，喜欢独自面对美丽的湖光山色，享受与大自然默契的愉悦，领悟大自然给他的神秘启示。这一切使得荣格从小就非常内向、敏感。

荣格对弗洛伊德的《梦的解析》很感兴趣。1907 年，荣格和弗洛伊德第一次见面，彼此一见如故，相见恨晚。此后，大约有 5 年的时间，都是他们之间关系的“蜜月期”。弗洛伊德器重荣格，称他为“我亲爱的儿子”。希望他继承自己的事业，认为“当我所建立的王国被孤立的时候，唯有荣格一个人应该继承它的全部事业”。1911 年，弗洛伊德不顾其他人的反对，推荐荣格担任了国际精神分析学会的第一任主席。而荣格也非常尊敬弗洛伊德。但荣格从一开始就倾向于把本能看成是一种创造性的、指向未来的生命力，可以指向不同的方向，而并不同意弗洛伊德认为的性是本能的唯一、主要表现形态。思想上的分歧，致使荣格最后脱离了弗洛伊德的国际精神分析学会。此后两个人再未见过面，但是荣格一直对弗洛伊德很敬仰。

2. I+We=Fully I——荣格的人格结构说

荣格提出一个公式：“I+We=Fully I”（我 + 我们 = 完美的我），即他认为人格可以分为三个部分，自我、个人无意识和集体无意识，个人无意识和集体无意识组合起来就可以成为一个完美的自我。

他的自我概念与弗洛伊德的自我概念颇为类似，就是个人能够意识到的精神领域，它的作用就是每天了解发生在自己身上的事情，保持自己的同一性和时间的连续性。

现在人们经常会用到一个词“情结”，说自己有“怀旧情结”、“自恋情结”等等，实际上这个词是源于荣格的“个人无意识”。就是一切在人们经历中曾经被感觉到但又被压抑或是遗忘的内容。荣格的无意识与弗洛伊德无意识的区别就在于前者没有把无意识内容看作是罪恶和有性色彩的。

荣格不仅在理论上假设无意识的存在，还用词与联想的方法去进行验证。他用100个单词的表，让病人读，每读到一个词就尽快说出自己所能想起的第一个单词，记录病人的联想反应时间、皮肤电反映和呼吸率。下面是荣格用来判断病人情绪的依据：

◇ 对一个刺激词的反应时长于平均反应时
◇ 重复刺激词作为反应
◇ 一点反应也没有
◇ 过多的身体反应，如笑得太多，呼吸率增加
◇ 口吃
◇ 连续用刺激词来反应
◇ 无意义的反应
◇ 肤浅的反应，如用同音词反应刺激词
◇ 用几个词来反应
◇ 错把刺激词当作别的词

荣格认为无意识中的情结占用了大量的心理能量，从而干扰了正常活动和记忆。他发现男人的反应一般都比女人快，受过教育的人比没有受到教育的人反应要快。

荣格的集体无意识是他最大胆、最神秘，也是引起的争议最多的概念。他认为，集体无意识是从远古时代祖先留下来的

经验的储存，是对几千年来不胜枚举的细微变化和差异事件的纪录。“与个人无意识不同，集体无意识对所有的人而言都是相同的，因为它的内容在世界的每一个地方都会被发现。”

这些保持在头脑中的祖先经验在不同时期有不同的名字：“种族记忆”、“初级印象”或“原始意象”。原始意象可以理解为一种由遗传而得来的，对外界刺激产生一定的反应倾向性。每个时代的人所经历的经验，都有一定的原始意象，如出生、死亡、男人、女人、父亲、母亲、太阳等。

3. 人的原始意象

虽然荣格承认有很多个原始意象，但是他详细描述的只有四种。

人格面具

这个词在希腊语中就是“面罩”的意思，通过这个面具，别人才能了解自己，但是面具并不是我的全部，只是心灵的一部分。我们在生活中有很多不同的角色，其不同的作用，就需要戴不同的面具。如果一个人相信他就是某个舞台上扮演的人物，那他就是自欺欺人。就像张国荣在《霸王别姬》中扮演虞姬，他把自己也当作虞姬，深深恋上了剧中楚霸王的人物，陷入自己的假面具中而无法自拔。

阿尼玛

就是男性心灵中的女性成分，源于千百年来男性对女性的经验。它有两个作用：第一，是让男性具有一些女性的人格特征，如细腻、温柔和体贴；第二，提供男女之间的交往模式（包括母子交往、朋友和伴侣之间的交往）。阿尼玛为男性呈现了一个理想女人，但是又和现实中的女人不完全一致，如果男性按照阿尼玛的形象去寻找自己的另一半，那么他们的关系很可能就面临着毁灭。

阿尼姆斯

是指女性心灵中的男性成分。它是女性具有一定的男性特征，比如说坚毅、果断和刚强等。它为女性塑造出一位理想男性的形象，但是也不按图索骥，不然会和阿尼玛的结果一样，不仅找不到合适的对象，还会与异性发生冲突。

阴影

就是心灵中最黑暗、最深入的部分，是集体无意识中由祖先遗留下来的，包括所有动物本能的部分，是人类原始欲望的代表。让人有邪恶、攻击和疯狂的倾向，会以妖魔鬼怪或者是仇人的形象投射到人的生活中去。

自我

和弗洛伊德自我的含义相同，是心灵中协调其他部分的，代表着达到人格的统一和整合的力量。

它是人格的中心点，其他部分都围绕在它的周围，将其他的部分整合起来，只有将“个人无意识 I”和“集体无意识 We”统一起来，就变成了完善和自我实现的“Fully I”。

4. 心理类型说

1913 年，荣格首次提出心理有两种指向的定势，即内倾和外倾。当一个人与周围环境发生联系时，如果他的能量和认知是指向于外部世界的，叫外倾；如果是指向于自己内心世界的，叫内倾。外倾的人喜好交际、坦率、随和、乐于助人和容易适应环境。内倾的人则比较安静、富于想象、爱思考、易退缩和害羞。

荣格还提出四种思想机能的解释，即感觉、思维、情感和直觉，并认为思维和情感是对立的，感觉和直觉是对立的。最理想的情况应该是这四种机能与两种定势共同协调活动。但实际上，每个人都是一种机能和一种定势占主导地位，而其他的则处于无意识之中。按照定势和机能相互结合的原则，荣格描述了人格的八种类型，每个人都是一种或几种类型的综合体，具有完全一种类型的极端形式的人是不存在的。

◿ 思维外倾型：按照固定规则行事，客观而冷静。积极思考问题，武断，情感压抑。

◿ 情感外倾型：很容易动感情，尊重权威和传统。寻求外界的和谐，爱交际，思维压抑。

◿ 感觉外倾型：追求享乐，无忧无虑，适应社会的能力强。不断追求新奇的感觉经验，对艺术很感兴趣，直觉压抑。

◿ 直觉外倾型：根据感觉而不是事实来做决定。不能长时间坚持某一件观点，好改变自己。有创造力，对自己无意识的东西了解很多，感觉压抑。

◿ 思维内倾型：强烈渴望私人的小天地。缺乏实际判断力，社会适应能力差。智商高，忽视日常实际生活，情感压抑。

◿ 情感内倾型：安静，有思想，感觉敏感。有时行为比较幼稚，让人很难理解。对别人的意见和情感漠不关心，没有情绪表露，思维压抑。

◿ 感觉内倾型：受环境决定，被动，安静，艺术性强。不关心事业，只关注身旁发生的事情，直觉压抑。

◿ 直觉内倾型：偏执而喜欢做白日梦，观点新颖但稀奇古怪。经常冥思苦想，很少人能理解，但他并不为此烦恼。以内部经验指导生活，感觉压抑。

小知识

集体无意识真的存在吗？

很多人对于荣格的集体无意识都不是很理解，觉得这个内容有很多的神话色彩在里面，科学的含义不多。那么是什么让荣格提出集体无意识这个概念的呢？又是什么让他相信先知的思想、情感和经验确实保存在我们的心灵中呢？

据研究，是一个被称为“太阳阴茎”的幻觉促使荣格提出集体无意识的，这个幻觉的由来是这样的。天空晴朗的早晨，一个因精神分裂住进医院的青年一直看着窗外，这时候荣格走进病房，青年人就窃窃地和他说，如果你半闭着眼睛，凝视太阳，你就能看到太阳的阴茎。而且，如果你把头左右搬动，太阳的阴茎也会摇动。然后青年在结束对话时又自言自语地说：“太阳阴茎的运动就是风的来源。”

4年以后，荣格看到了一本关于古代希腊宗教迷信的书籍，上面介绍了古希腊人的一种信念，认为风是由太阳下垂的一根管子所产生的。荣格排除了那个青年精神分裂患者曾读过这本书的可能，因为这本书出版前他已经被送到精神病院了。因此，荣格断言，对太阳阴茎的信念实际上就是古代文化的性主题，而这个信念是作为历史的遗迹存在于这个年轻人的集体无意识中的。

三、自我补偿论——阿德勒的人格理论

1. 从自卑中走出的阿德勒

阿尔弗雷德·阿德勒是个体克服自卑、战胜自我的优秀榜样。他于1870年出生在维也纳的一个商人家庭。他的童年在阴影中度过，小时候不断生病，特别是佝偻病，让他在体育活动和游戏中总是落后于其他人，4岁时因患肺炎还险些丧命，还有两次差点被卡车撞死。这些使他萌生了要当医生的愿望，他用这个生活目标去克服童年的苦恼和对死亡的恐惧。

阿德勒进了学校之后，也一直被自卑所困扰着。他成绩平平，有一次因为数学不及格，还重修了一次。老师因此看不起他，并建议他的父亲让他去当一名制鞋的工人。当然，他的父亲拒绝这样做，但这事也刺激了好强的阿德勒，促使他努力学习，在数学上有了很大进步。偶然的一个机会，他解决了一道连老师也感到头疼的数学题，成了班上的优等生，这增强了他的自信心。尽管阿德勒很喜欢音乐，对许多艺术门类也有很深的造诣，但他最终还是选择了心理医生的职业。

1895年，阿德勒获医学博士学位。1907年，阿德勒发表了一篇论述由身体缺陷引起的自卑感及其补偿的论文并获得了很大的声誉，此时弗洛伊德认为阿德勒的观点是对精神分析学的一大贡献。但是，当阿德勒认为补偿作用是自己理论的中心思想时，弗洛伊德就不能容忍了。

正如墨菲所指出的那样，阿德勒显然一开始就认为自己是弗洛伊德这位大师的年轻同事而不是弟子，而弗洛伊德则把阿德勒看作自己的信徒和门生，不能容忍他心目中的弟子对他的学说有任何怀疑和偏离。后来阿德勒成为一位声名远播的人

物。1937 年他在赴欧洲讲学时，由于过度劳累心脏病突发，死在苏格兰阿伯登市的街道上。

2. 超越自我

阿德勒认为人天生自卑，因为在刚生下来的时候都是很弱小、无力的，完全要依赖成人，由此产生自卑。自卑大多是由先天或遗传的生理上的缺陷而产生的，也包括人所处环境对人的压抑和排斥造成的抑郁之感。

那么要如何面对这些环境中不好的东西呢？他主张："重要的是，人是有自主性的，他能按照自己憧憬或虚构的目标有选择地看待生活中的这些经验。而这种选择性便是人与生俱来的创造性，它决定着每个人的发展。是这种自卑的情结促使人们去努力克服自卑，追求成功，这正是人格发展的动力。但是，如果一个人完全被自卑所压倒，就会产生自卑情绪，导致神经症人格，抑郁、悲观、消沉。"

人类有追求卓越和完美的倾向，每个人都有一个追求优越的最终目标。但阿德勒也提出，追求优越是一个双刃剑，具有双重性。适度追求能够促进个人发展，对社会有益。而过分追求，走入极端，要么产生自负和优越情绪；要么就会以自我为中心，忽视别人和社会需要，缺乏社会兴趣。

3. 生活风格

个体如何追求优越，取决于自己独特的环境，不同的生活方式。由此每个人就会派生和发展出不同的行为特征与习惯，即生活风格。

生活风格的发展和自卑感有密切关系。如果一个儿童有某种生理缺陷或主观上的自卑感，那他的生活风格将倾向于补偿或过度补偿那种缺陷或自卑感。例如，身体瘦弱的儿童可能会有强烈的愿望去增强体质，因而去锻炼身体、跑步、踢球，这些愿望和行为便成为他生活风格的一部分。生活风格决定了我们对生活的态度，形成了我们的行为模式。

阿德勒描述了四种主要的生活风格：

支配—统治型

这一类型倾向于支配和统治别人，缺乏社会意识，很少顾及别人的利益，他们追求优越的倾向特别强烈，不惜利用或伤害别人以达到自己的目的。他们需要控制别人从而感到自己的强大和有意义。在儿童期，他们很可能在地板上打滚、哭闹，希望父母向他屈从。作为父母，他们又要求孩子服从，说："因为我说了就要这样。"作为教师，他们威胁学生，说："如果你不这样做，那你就去找校长。"这样的人容易发展成虐待者、违法者和药物滥用者等。

索取型

这种类型的人相对被动，很少努力去解决自己的问题，依赖别人照顾他们。许多富裕或有钱的父母对他们的孩子采取纵容的态度，尽量满足孩子们的一切要求，以使他们免受挫折。在这样的环境下成长的孩子，很少需要为自己努力做事，也很少意识到他们自己有多大的能力。他们对自己缺乏信心，而希望周围的人能满足他们的要求。

回避型

这种类型的人缺乏必要的信心来解决问题或危机，不想面对生活中的问题，试图通过回避困难而避免任何可能的失败。他们常常是自我关注的、幻想的，他们在自我幻想的世界里感受到优越。

社会利益型

这样的人能面对生活，与别人合作，为人和社会服务，贡献自己的力量，他们通常生长于良好教育和氛围的家庭中，家庭的成员之间相互帮助和支持，人与人之间彼此理解和尊重。这些都为他的人格健康发展创造了正常的空间，也能让他更重视社会利益，看重自己的责任。

在这四种生活风格中，前三种是适应不良或错误的，只有第四种才是正确适当的生活风格。

4. 出生顺序对人格也有影响吗？

虽然现在的中国社会，已经实行计划生育政策，一个家庭大多只有一个孩子，但在20世纪70年代以前的家庭还都是有两个或两个以上的孩子。阿德勒提出孩子的出生顺序对人格有重要的影响，可以说，他是出生排行学比较早的研究者。

在阿德勒看来，“由于每个孩子在家庭中的排行不同，每个孩子就因而处于不同的成长情境下。这样，孩子会在他的生活样式中，表现出他想适应自己特殊情境所造成的结果”。最值得注意的是长子、次子与最小孩子。

长子

长子有独特的成长情境，他曾体验过一段独生子的美好时光。但当第二个孩子降生时，他发现自己被废黜。以前受到大量的关怀和宠爱，随着自己弟妹的出生，他只能与弟妹们分享父母的关怀了。

因此，年纪最大的孩子经常会在不知不觉中表现出他对过去的兴趣。他喜欢回顾过去，谈论过去。他们是过去的眷顾者，对未来却心存悲观。这种一度曾经拥有过权力但后来又丧失掉的孩子，会比其他孩子更了解权力和威势的重要。当他们长大后，会喜欢搬弄权势，过分夸张规则和纪律的重要性。如果这种人为自己建立了良好的地位，也总会疑心别人要迎头赶上他，把他拉下王座，并取代他的地位。

以上所讲的只是父母与长子对此情境应对不当的情况。如果家长和最大的孩子都能妥善应付，一切潜在的危险都可化险为夷。例如，父母可以让长子对他们的关怀很有信心，或者让长子学会兄弟姊妹之间亲密合作，或者让他准备要迎接新婴儿的降临，并学会怎样帮助父母来照顾他，那么，这种危机就会不留恶果地消失于无影无踪。

次子

次子面对的主要事实在两个方面。其一，从出生时起，他便和另一个孩子分享父母的关怀，因此他比长子更容易与别人合作。其二，从他的童年开始，他始终有一个竞争者存在。在他以前他有一个哥哥或姐姐，他需要使用浑身解数，迎头赶上。他的行为好像在参加一项比赛。简单说，次子总是不甘人后，他努力奋斗想要超越别人。

最小的孩子

最小的孩子要面对的情景也有两个：第一，他有许多竞争者。因而，他所受的刺激很多。在此情况下，最小的孩子经常会以异乎寻常的方式发展，他总想努力超过前面的兄姐。“当他这样去做的时候，他总是处在一个相当有利的情境中：父亲、母亲、兄姐都会帮助他；还有许多事物可以激发他的野心和努力；同时又没有人从后面攻击他或分散他的注意力。因而最小的孩子经常成为整个家庭中的栋梁。”这就像《圣经》中最为著名的约瑟的故事一样。最小的孩子很可能成为家庭中最受宠受的孩子。如果他真的被宠坏了，他将无法自立，并失去凭自己力量获取成功的能力。

但阿德勒同时指出，这些规则并不是呆板不变的。实际上，阿德勒做出上面的结论很大程度上来源于个人的经验。他对不同出生顺序的孩子所作的归纳也反映了他个人思想的局限性。

阅读篇

富兰克林的人生信条

本杰明·富兰克林是18世纪美国最伟大的科学家，是美国的开国元勋。可是他是个小商人家庭中17个孩子中的第15个孩子，他从小就觉得很卑微。但是他为自己制定了13条人生准则，成就了他的一生伟业。

1. 节制：食不可过饱，饮不得过量。

2. 缄默：避免无聊闲扯，言谈必须对人有益。

3. 秩序：生活物品要放置有序，工作时间要合理安排。

4. 决心：要做之事就下决心去做，决心做的事一定要完成。

5. 节俭：不得浪费，任何花费都要有益，不论是于人于己。

6. 勤勉：珍惜每一刻时间，去除一切不必要之举，勤做有益之事。

7. 真诚：不损害他人，不使用欺骗手段。考虑事情要公正合理，说话要依据真实情况。

8. 正义：不损人利己，履行应尽的义务。

9. 中庸：避免任何极端倾向，尽量克制报复心理。

10. 清洁：身体、衣着和居所要力求清洁。

11. 平静：戒除不必要的烦恼，也就是指那些琐事、常见的和不可避免的不顺利的事情。

12. 贞节：性生活健康。

13. 谦逊：以耶稣和苏格拉底等伟人为自己的榜样。

四、人的基本焦虑——霍妮的人格理论

1. 一个女权主义者的诞生——霍妮简介

霍妮于 1885 年出生于德国汉堡，童年时候一直是个其貌不扬，智力平常的孩子。父亲是挪威人，任远洋轮船长，是一个笃信宗教而沉默寡言的人。母亲是荷兰人，是一个泼辣、富有魅力、态度豪放的女性。父亲比母亲大 17 岁。在霍妮的回忆中，父亲是一个可怕的人物，他看不起她，认为她外貌丑陋，天资愚笨。霍妮说父亲长着一双钢铁般的灰蓝色眼睛，手里挥舞着《圣经》。父亲不在家时，大家都感到快乐。同样，她感到母亲偏爱哥哥，对她十分冷落。霍妮 12 岁时，因为治病而对医生产生了深刻的印象，从那时起她就萌发了当一名医生的决心。父亲对她的这一想法极力反对，以致她的母亲为此同丈夫分手。1906 年霍妮进入柏林大学医学院学习，1913 年获得医学博士学位。

1932 年，为了逃避纳粹对犹太人的迫害，霍妮接受了美国芝加哥精神分析研究所所长弗兰兹·亚历山大的邀请，离开

柏林来到美国，并担任了美国芝加哥精神分析研究所副所长。两年后，霍妮任职于纽约精神分析研究所，在该所任教并训练精神分析人员。随着她与弗洛伊德正统理论分歧的增大，促使她与弗洛伊德派决裂，退出了纽约精神分析研究所，创建了美国精神分析研究所，并亲任所长，直到 1952 年 9 月 14 日逝世。

霍妮发表了数十篇关于女性心理的论文，当她的著作《女性心理学》于 1967 年重版后，她被公认为首位伟大的精神分析女权主义者。

2. 对弗洛伊德的扬弃

霍妮并没有撼动弗洛伊德的学说，她继承了古典精神分析中的一些基本概念，如无意识冲动、压抑、象征等，并对这些名词提出自己的解释。她提出人有两个基本的需要，安全和满足。这两种冲动是无意识的，相互对立的。一个人要想安全，但又不想冒风险，就不能获得大的满足，反之亦然。两种冲动的冲突必然导致压抑，被压抑的东西保存着原来的力量，会以化了妆的样子表现在意识中。

但她在很多方面又不同意弗洛伊德的看法，认为弗洛伊德过分看重心理的生物学因素，忽视了社会文化因素。美国 30 年代经济萧条的时期，弗洛伊德的性理论完全不适用。人们担心自己的房租、食物、医药费等关系到自己生存和安全的实际问题，而并不都为性的问题而烦恼。因此，她认为国家不同，时代不同，人们所经历的具体问题也不同，必须从文化因素来考虑人格的发展。对霍妮来说，一个人经历的一切是由社会环境决定的，社会环境决定它是否会产生心理问题，以及出现什么样的心理问题。因此，她把弗洛伊德的力比多、本我、超我之类的概念都抛到九霄云外去了。

3. 基本焦虑

因为我需要你们，所以我不得不压抑我对你们的敌意。

——无能为力的儿童语

因为我害怕你们，所以我必须压抑我对你们的敌意。

——恐惧的儿童语

上面两句话是霍妮在描述儿童需要父母、依赖父母时，没有得到安全的满足而受到挫折后的反应。她列举了一些能让孩子安全需要受到挫折的父母行为。如对孩子漠不关心、遗弃孩子、厌恶孩子、明显偏爱某个孩子、惩罚不公正、奚落羞辱孩子、行为怪异、不守信用等。如果父母这样对待孩子，他们就会产生对父母的特殊体验，霍妮称为“基本敌对情绪”。儿童一方面要依赖父母，一方面又对父母抱有敌意，就产生了强烈的心理冲突。他们只能压抑自己的冲突，也就出现段首两种孩子的内心感受。

这样条件下成长的孩子产生的孤立和无助感会在内心不断增长，渐渐对世界也怀有敌意。这种态度虽然不是神经症，但却是个时刻都能滋生出神经症的肥沃土壤。霍妮给这种态度冠上了一个名字——“基本焦虑”，基本焦虑是与基本敌对情绪不可分离地交织在一起的。所以，基本焦虑就是儿童所特有的，觉得自己很孤单、无能为力地生活在这个危机四伏的世界上的消极情感。

总之，霍尼认为神经症是源于儿童和父母的关系。如果儿童得到父母的关爱和家庭的温暖，就会感到安全，从而正常地成长；而如果他从小就没有享受到父母的关心爱护，就会产生不安全感，对父母抱有敌意情绪，这种态度会投射到周围的事物和对象上来，转化为基本焦虑。所以，一个有基本焦虑情绪的儿童很容易在成年后表现出神经症。

4. 逃避基本焦虑

霍妮认为有四种逃避焦虑的方式：

（1）把焦虑合理化。如一位母亲，孩子患了点小毛病便忧心忡忡，事实上她的担心是多余的。她的焦虑程度已经远远超过了她应对这件事的反应，但她总是认为这种担心是有理由的，把焦虑合理化的实质就在于她让基本焦虑转化为一种合理的恐惧。这类似于弗洛伊德防卫机制中的合理化。

（2）否认焦虑。这可以是一种无意识的过程，也可以是一种有意识的过程。有意识否认焦虑的例子比较多，如有些人害怕干什么事，偏要干什么事情。有的人有恐高的倾向，但是偏偏要 “挑战自己无极限”，选择蹦极这种体育运动方式，实际上是在否认自己的焦虑情绪。无意识否认焦虑的情况也不少，比如，一个人在很多人面前发言的时候，嘴巴上说自己一点都不紧张，实际上桌子下面的腿却一直都在打颤。

（3）麻醉自己。比较通俗的方式就是有意识地、不加掩饰地通过酒精来达到这种目的，或者投身于社会活动和工作，做一个工作狂或者是拼命三郎。经常高喊的口号是“今朝有酒今朝醉，我拿青春赌明天”。

（4）回避可能导致焦虑的思想、情感、冲动和处境。如有的人害怕人际交往中所产生的烦恼，就尽量减少同别人的交往，结果是人际关系越来越紧张。

5. 控制基本焦虑

由于基本焦虑的根源是无助感和恐惧感，所以有这种情感的人总想方设法地把基本焦虑降低到最低，保护自己不要受到焦虑的干扰。霍妮提出了十种控制基本焦虑的策略。

⊿ 对友爱和赏识的需要。具有这种需求的人依靠外在的友爱而生存，他的价值是要靠外在得到赏识才能肯定自己。

⊿ 对支配其生活伴侣的神经症性需求。这种人的需求附属于某人，和别人生活在一起，要得到他人的保护，并满足其生活需要。

⊿ 对狭小生活范围的需要。这些人极其保守，他们不敢冒险，因为他们害怕失败。

⊿ 对权力的需要。这种人崇拜权威，仰慕强者，轻视弱者。

⊿ 利用他人的需求。这种人最担心被他人利用，但自己又总想利用他人。

⊿ 被社会认可的需要。这种人做事的目的就是得到他人的注意和承认，比如因为网络而成名的“木子美”、“芙蓉姐姐”等，都想得到社会的关注和认可，他们的最终目的是想借此得到一定的威望。

⊿ 对称赞的需求。这种人需要他人的恭维和吹捧，只有这样才能得到满足。他们希望他人把自己作为理想人物看待。

⊿ 野心和成就的需求。他们极力想成为著名的、有影响的人，对名望、财富的追求是趋之若鹜，为了这些他们会不顾一切。

⊿ 自我满足和独立的要求。这种人极力避免对任何人负责，不愿有任何束缚。

⊿ 对完美无缺的需求。这种人对批评极为敏感，他们极力想成为完美无缺的人。

事实上，正常人也都会有上述的要求。但正常人的要求是适可而止的，不会像神经症一样，一旦需要就强烈执著，排斥其他一切理性需求。正常人的满足不局限于一种形式，他们有更大的灵活性。而神经症的人恰恰相反，他们不顾其他重要的生活需求，而围绕在一种满足上“拼命挣扎”，越是得不到满足，他们越是“咬住青山不放松”，于是陷入了一个恶性循环而不能自拔。

6. 三类人——基本焦虑的表现方式

（1）趋从的人

霍妮称这种人是顺从性的人。他们内心似乎在说“如果我顺从，我就不会得到伤害”，他们总是需要他人的喜欢和爱，需要他人的认可、赞赏和欢迎，所以会无条件地趋就人。不关心自己的内心感受，只为了求得表面的要求，但在内心里依然充满敌意。

（2）反对的人

这种人是顺从型的反面。包括对权力的要求，对荣誉和个人成就的要求。霍妮把这种类型称之为“敌对类型”。这些人的内心似乎在说“如果我有权有势，看有谁敢动我一根毫毛”。他们总是以“我能从中得到了什么”来看待一切事物，认为别人也是这么想这么做的，典型的“以小人之心度君子之腹”。这种人表面上看起来文质彬彬，但背后却可能是“口蜜腹剑”。

趋从的人和反对的人虽然“手段”不同，但基本的动机都是不想自己受伤和吃亏。

（3）远离的人

这种焦虑的适应模式包括自我满足和独立的需要、完美无缺和不受指责的需要。霍妮称之为“撤退类型”。因为，他们的内心似乎在说“如果我再退让一些，就没有任何人能伤害我”。他们强烈地想与人保持距离，在任何时候都不想与别人有情感上的联系，他们既不想与他人对立，也不想与他人友好，于是远离人群，独来独往。

不难看出，正常人也有上述的情况。比如，我们经常会说“忍一时风平浪静,退一步海阔天空”，但我们能根据具体情况，比较灵活地改变自己的态度来适应环境。而神经症的人则不同，他们强烈地依赖一种模式，看起来不够灵活，只能在一种破坏性的模式下不停地沉沦。

小知识

社会文化对人格的影响

社会文化对人格具有塑造功能，这可以反映在不同文化的民族有其固有的民族性格。社会心理学家米德等人曾做了一项关于非洲新几内亚民族的研究，发现三个不同民族的人格特征，各有特色，很鲜明地体现出社会文化、地理环境对人格的影响。

在山丘地带居住的阿拉比修族人，崇尚男女平等的生活方式，成员之间相亲相爱，团结协作，没有弱肉强食，恃强凌弱，没有争强好胜，整个种族是一幅平和幸福的画面。

在冰川地带生活的蒙杜古姆族，以打猎为生，男女之间存在权力和地位的争夺，对孩子的教育也极为严厉。这个民族的成员表现出很高的攻击性、冷酷残忍、妄自尊大的人格特征。

在湖泊地带居住的章布里族，男女性别角色差异明显，有一些女系氏族的影子，女性是这个社会的主体，她们掌握着经济实权。而男性则处于社会的从属地位，主要活动是养育孩子，从事艺术、工艺、祭祀等活动。这种社会分工使女人表现出刚毅、支配的性格，而男性则更多表现出一种自卑感。

五、成人依恋——新精神分析的一项相关研究

生活中你可能会听到一个高中生睡觉的时候要抱着自己喜欢的维尼熊，一对朋友关系好到孟不离焦，焦不离孟。还有的情侣更是一日不见，如隔三秋。这是怎么回事呢？

根据新精神分析关系对象流派的解释，这是一种成人依恋的现象。依恋这个词最早是用来研究婴幼儿和其照料者之间形成的持久依赖的关系，这种关系是儿童社会化过程的第一道起跑线。如果这次起跑成功了，就可以帮助儿童形成良好的人际交往关系和社会适应能力。而新精神分析的研究又为我们拓宽了依恋的范围，扩展到了成人的这种亲密的情感联结。成人依恋不仅能够创造真挚交流的空间，还会让人的感情和心灵有所寄托。

1. 成人依恋的基本原则是什么

新弗洛伊德主义的学者强调人的早期生活经历的作用。但他们只是对婴儿与他身边的重要人物的关系感兴趣，比如孩子与父母、照料者，尤其是与母亲的关系。

约翰·鲍尔比（John Bowlby）和玛丽·爱因斯沃斯（Mary Ainsworth）是对依恋研究做出最大贡献的人。他们研究婴儿和养育者（通常是母亲）的情感关系，这种关系能够满足人依附于他人的情感和心理需要。虽然鲍尔比相信从人的"摇篮到坟墓"的全部阶段都具有依恋性。但直到 20 世纪 80 年代中期，研究者们才开始真正严肃地考虑依恋过程延续到成人期的可能性，来探究成人身上的依恋关系和行为。

对象关系理论家假定：儿童会对他环境中重要的人物产生无意识的表象。孩子被响应程度及孩子和父母之间形成的各种互动关系将直接影响到孩子以后建立的亲密关系。换句话说，儿童在幼年时期对父母的依恋状况影响到长大后与身边重要人物建立有价值的依恋关系的能力。

2. 成人依恋的类型

（1）三类型说

海赞和施沃（Hazan & Shaver，1987）在科罗拉多州《洛基山新闻》上作了一项关于成人依恋的调查。其中有一个问题是要求读者选出下面三种描述中哪一种与他们的情况最为接近。

- 我很容易与人接近，信赖他们或让他们信赖我是件很开心的事。我不担心被别人抛弃或者是害怕别人离我太近。
- 与他人接近让我感到很不安；我很难完全相信、依靠他们。如果有人对我太亲近时我会很紧张，即使是伴侣想让我更亲近一点我也有点不自在。

- 我想让人亲近我，可别人不愿意。我经常担心我的朋友不是真的爱我或者想离我而去。我想和他人完全融为一体，可这个愿望有时会吓跑别人。

第一种情况描述的是安全型依恋的成人，第二种是回避型依恋的成人，第三种是焦虑—矛盾型依恋的成人。答题者中56%属于安全型，25%属于回避型，19%属于焦虑—矛盾型。这些数据和发展心理学家统计出来的婴儿三种依恋类型有很大的相似，一定程度上说明了成人的依恋类型可能在童年时期就已经形成。

安全型依恋：与身边重要人物的关系很亲密，而且从不担心自己被抛弃的一种依恋类型。

回避型依恋：与身边重要人物很难建立亲密和信任关系的一种依恋类型。

焦虑—矛盾型依恋：很渴望与身边重要人物亲近，但又害怕自己被对方抛弃而不敢投入感情的一种依恋类型。

（2）四类型说

后来的研究者采用其他方式来探究成人依恋的类型，巴索罗缪（Bartholomew，1990）提出了另一个较有前途的模型。这个模型先把人们分成对自我的认识是积极的还是消极的两种，接着又考察人们对亲密的依赖程度是高还是低，由此组成了四种不同的依恋类型。

⊿ 安全型依恋：对自己和他人有着积极意象，相信他人是可信的，会满足他们的情感需要。像早期研究中的安全型成人一样，这些人倾向于寻求亲密的人际关系，而且这种关系也让他们感到舒适。

自我的认识（依赖性）

他人的认识（回避）	积极	消极
积极	安全型 因为亲密和自主性 而感到舒适	全神贯注型 全神贯注于人际关系
消极	规避型 回避亲密关系 反向依赖	恐惧型 惧怕亲密关系 社交回避

△规避型依恋：肯定的自我意象，但是内心里不相信他人，不愿和别人建立亲密的关系。他们把维持自己的独立看得很重要，不相信别人，或者因怕受伤害而不敢在情感上依赖他人。

△全神贯注型依恋：总觉得自己无价值、不可爱。承认别人是可信赖和可利用的，但自己缺少自尊感，一般是通过与别人接近和亲密来促进自我接纳。在某种意义上，他们在想，如果别人觉得他们可爱，那就证明自己值得爱。遗憾的是，全神贯注的人因缺乏自尊而很脆弱，当同伴不能满足他们强烈的亲密需要时，他们很容易悲观失望。

△恐惧型依恋：认为自己不值得亲密和爱，也怀疑别人能否给他们亲密和爱。他们因害怕被拒绝而不敢与别人亲近。

（3）“三”好还是“四”好？

看到上面两种类型的介绍，大家可能会问究竟是三类型说还是四类型说好呢？实际上，从对每一种类型的陈述中就可以看出，两种类型内容上有很多相似之处，基本的思想是一致的。两种都很好用，每个模型在实际的研究中都有很大价值。

3. 依恋关系和人际关系

人际关系是人们社会生活中的一个重要领域，在人际关系的紧密强度显著地增加的时候，它本身就可以成为依恋关系(Ainsworth，1995)。依恋关系（基本上与母亲）的特质能预测和周围人交往能力和水平的好坏，安全依恋是积极良好人际关系的一个预测因素。

从认知角度看

早期形成的内部认知模式会影响到形成关于别人怎么行动和自己应该怎样行动的预期。安全型的人认为关于自己的观点和行为，别人会给予积极的反应，因此在与他人交往时可以协调和配合，从而引起同伴的积极反应。而不安全型的人很可能对自己有消极看法，认为别人对自己的需要不会作出反应，因此他们可能对周围的人就不予理会。别人自然也不会给他很热情的回应，这让他进一步验证了自己的想法，与周围人的关系就陷于恶性循环的怪圈。

从行为角度看

人们可以凭借着形成的健康积极的依恋方式来探索社会环境，发展社会技能，增加对周围人的接触。一般说来，安全型依恋的人可以学会用合作一致的方式来参与社会活动，建立亲密关系，之后将它慢慢推广到人际关系中去。

从情感角度看

柯白克(Kobak， 1988)曾指出通过早期依恋关系的形成，安全型依恋的成人能够发展和控制消极情感，使自己在人际相互交往中很少表现出不良的情绪。相反，没有形成安全依恋的成人可能还会像儿童一样，不能正常调节和表达自己的情绪情感，影响人际关系的和谐。

4. 依恋关系和恋爱关系

（1）儿童依恋关系和成人恋爱伴侣之间具有一些共同的特征：

✓ 当另一方在身边和能够积极响应自己时，都会感到安全

✓ 都有亲密、私人性质的身体接触

✓ 当不能亲近另一方时都会感到不安全

✓ 能够与另一方分享自己的发现

✓ 都会抚摸另一方的面部，并显示出一定迷恋和专注

✓ 都会进行“身体语言”交流

（2）结婚是成人依恋机能的很好表达

在探讨依恋类型如何影响恋爱关系时，可以研究被试者的结婚状态及对婚姻的态度来作说明。

克劳恩（Klonhnen, 1998）研究了一些人在 21 岁、27 岁、43 岁和 52 岁时的人际关系满意度，和预期的一样，安全型的成人有很持久和稳定的爱情生活。而且安全型的参与者比回避型的参与者更可能结婚和保持婚姻的完满状态。到了 52 岁的时候，95%的安全型成人都已经结婚，其中仅有 24%的人曾经离过婚。相比之下，回避型的参加者只有 72%的人结过婚，而其中又有 50%的人经历过离婚。

这是因为安全型的成人可以忽略同伴的缺点而接纳对方，让人觉得有更多温馨和亲密；回避型的成人则会有一种心理困扰，担心自己的爱情不会长久，这种怀疑心让他们的爱情经常是浅尝辄止。与之相反，焦虑—矛盾型的人则会一次又一次地恋爱，就像“一百零一次求婚”一样，他是“一百零一次恋爱”，但是只恋爱，不结婚。因为他既喜欢去屈从对方，又觉得这种关系很脆弱。

所以只有安全型依恋的成人才能很好地走入亲密关系，走进自己的家庭婚姻生活，让婚姻在相互理解中圆满。其他依恋类型的成人总是在婚姻中出现这样那样的问题，需要不断地加以解决和维护。

第四章 人格是习惯的派生物

——行为主义人格理论

烈日炎炎，你十分饥渴地跑向电子售货机，将卖饮料的硬币投进去，半天它都没有反应。你很有耐心地等了一会，又拍了拍，试图看到它把你的钱吐出来还给你。但是绅士风度丝毫不起作用，出于不好意思，你不能把手伸进去把钱挖出来（事实上，也根本不可能挖出来）。这时你气愤地朝售货机狠狠地踢了几脚，悻悻离去。突然听到一声响，你的饮料跳出来了。你会很高兴地喝着饮料，心里想，“看来以后还要踢！”可能你以后在类似的情况下也会用武力来解决问题，那么你爱冲动的人格特征可能就在电子售货机的刺激训练下形成了。

这个例子说明人的行为是受环境因素决定的，行为的产生受当时行为条件的制约，也就是说人的行为会因情境而改变。

行为主义人格理论认为学习是人格形成的决定因素。最为著名的代表性言论就是美国心理学家华生在1925年所说："给我一打健康而没有任何缺陷的婴儿，并在我自己设定的特殊环境中教育他们，那么我愿意担保，随便挑选其中一个婴儿，我都能够把他训练成为我所选定的任何一种专家：医生、律师、艺术家、商人、首领，乃至乞丐和强盗。不论他是什么背景、种族和宗教。"

一、共同的理论基础

在行为主义的研究思路下，出现了斯金纳、班杜拉等学者，他们提出各自的人格理论。尽管细节有所不同，但是都有五个特征：

（1）他们并不希望去发现特质和因素层次上对人格的解释，而是把人格看作是"习惯的累积"。

（2）他们不关心人格的结构，因为每一种人格结构都是习惯的独特构造。

（3）基于上面的原因，他们很少去探究和发展人格测验。

（4）他们把注意力集中在人格的发展和教养方面。

（5）他们认为行为是可以被改变的，学习是形成人格的重要因素。

虽然他们都遵循一定的立论基础，但是行为主义学家对人格理论的解释在一些原则性问题上有所不同，米勒和多拉德承认内部驱动力的存在，认为初级需要和次级需要是学习的动力；而斯金纳严格回避"中介变量"的假设。班杜拉则反对建立在老鼠试验基础上的研究模式，强调人具有模仿学习的能力。

小知识

人为的恐惧是如何练就的？

1921年，对一名叫阿尔伯特的婴儿而言是个痛苦的岁月。因为在他生命中的第一年，就面临着人格被塑造的命运。华生和他的合作者为了验证这样的一个假设：当一个激发情感的物体与另一个不会激发情感的物体同时刺激被试时，后面一个物体可能也会引起与前者同样的情感反应。

于是，研究者在阿尔伯特身上做条件性害怕的试验。他们把一只白老鼠放在他身边，可是他一点都不害怕；可是，当试验者在他脑袋后面用铁锤子使劲敲一下钢轨，发出刺耳的声音时，他就感到十分害怕，而且还带着恐惧反应。研究者给他两个月的时间来把这次经历淡忘。后来，华生又开始这些试验。一只老鼠从正面放在小阿尔伯特的面前，他用左手去抓它，就在他要碰到老鼠的时候，他的脑后又响起钢轨敲击的声音，他就猛地一跳，向前扑到，把脸埋在床垫里面。第三次试的时候，阿尔伯特用右手去抓，当他快要抓到的时候，钢轨又在身后响起。这次，阿尔伯特跳了起来，向前扑倒，开始大哭。多次以后，小阿尔伯特开始害怕白鼠，慢慢就对其他毛茸茸的东西也都产生恐惧：兔子、狗、棉绒、圣诞老人的面具及人的毛发。甚至是没有任何敲击声，只是看到有毛的东西他都会害怕。

在试验者试图去治愈小阿尔伯特的时候，他已经被母亲接走了，也就丧失了治愈条件性恐惧的机会。但可以推测，他对有毛物品的害怕和恐惧是无限期的。而一个害怕很多东西的男孩子在学校里也一定会遭到同学们的嘲笑，这样会让他生成对学校和读书的恐惧。虽然说这个结果验证了研究者想要得到的假说，但是这个实验是非常不人道的。

二、从斯金纳箱中打开的世界——斯金纳的理论

1. 排名第一的心理学家

斯金纳 1904 年出生在美国宾夕法尼亚州的一个铁路小镇上，父亲是当地的律师。在儿童时期，他就有制作复杂小玩意儿的癖好。在中学和大学期间，他曾立志要做一名作家。因此像许多心理学先驱者一样，斯金纳在 1922 年进汉密尔顿学院读书时，并未打算成为一名心理学家，而是专修英文，以便实现作家梦。在毕业后的两年内，从事于写作，大部分时间是在格林尼治村度过的。尽管他仔细观察了周围千奇百怪的人类行为，可过了一阵子后他发现自己对看到的一切并没有什么好说的。极度灰心之后，斯金纳决定放弃写作，开始攻读生物学。在这个过程中，他读了华生和巴甫洛夫的著作，从而开始对人类和动物的行为感兴趣，就进了哈佛大学攻读心理学。

斯金纳终于在心理学领域中找到自己合适的位置，他为自己制定了严格的学习计划，发奋攻读心理学。功夫不负有心人，他在 3 年里就获得了博士学位。他是一位多产的学者，曾获美国心理学会授予的杰出科学奖、美国政府颁发的最高科学

奖——国家科学奖并获美国心理学会基金会颁发的金质奖章。1990年他在波士顿去世，享年86岁。

在目前美国广受欢迎的心理学期刊——《普通心理学评论》评比20世纪最具盛名的心理学家活动中，斯金纳在“专业期刊中被引用的频率、在普通心理学课本中被引述的频率、问卷反馈的结果、该学者的姓氏是否曾被用来命名某一心理学术语、是否是国家科学院院士、是否曾被授予美国心理学会颁发的杰出科学贡献奖或当选为美国心理学会主席”等六项评比要求中排名第一。

2. 鸽子会劳动吗？

斯金纳在巴甫洛夫和华生行为主义的影响下，创造了操作性条件反射。就是“在一个行为发生后，接着给一个强化刺激，那么其行为的强度就会增加”。斯金纳发明了用于研究小动物的试验箱，被人称为“斯金纳箱”。这个箱子有一个杠杆、一个天窗、一个食物杯子和一层板。箱子里有机关，当杠杆被压时，食物机就会动，并送出一粒食物到食物盘上。在这个过程中，压杠杆的反应是操作反应，食物出现就是强化。即使食物没有出现，动物还是会时不时地压杠杆，这是随便活动。引起强化以前的操作反应的频率叫做反应的操作水平。当反应以后马上给予强化，操作反应的频率就会加强，这就是斯金纳所说的反应加强。

根据上面的分析，鸽子开始时会自己主动地压杠杆吗？不会的。可是按照斯金纳箱中的电子开关就可以让鸽子慢慢练习到“劳动”了就有“果实”吃，这个强化的过程遵循两条原则，一个是“不同强化”，即有的行为受强化影响，有的行为则不受强化的影响。另一个原则是“逐步接近”，属于层层推进。

美国心理学家赫根汉列举了塑造鸽子反应的方法：

（1）鸽子到测验箱有杠杆的一边时给予强化（就是给食吃）

（2）向杠杆移动时给予强化

（3）在杠杆前抬头时给予强化

（4）触到杠杆时给予强化

（5）用双臂触到杠杆时给予强化

（6）尽力压杠杆时给予强化

（7）只有当压杠杆时给予强化

通过这上面的七步曲就可以培养出“鸽子劳动”的景象。但是，人类行为的塑造就不像动物这么简单，需要一段时间慢慢形成，因为他们最初都不能产生完整的形式。

如果你想培养孩子读书的可惯，需要怎么做呢？赫根汉认为，可以使用塑造的程序来鼓励儿童阅读。

⊿把一些能读的书本放在孩子碰得到的地方。

⊿如果孩子避开书本，则奖励孩子读例如路牌、店名的活动。

⊿奖励了第二项所列举的活动后，孩子可能更经常做这样的活动，当他这样做时，在另外的奖励以前必须对所期待的行为严格些。例如读更长的牌子或更详细的符号。

⊿下一步可以要求孩子为你拿一些特定的书籍。如红色的书，蓝色的书，或包上漂亮书皮的书，或上面印有字母的书。只有当他这样做时，你才给他奖励。

⊿接下来要让孩子拿更复杂的书，如让他找一些内容中有米老鼠、唐老鸭之类的书。孩子这样做时才获得奖励。

⊿在孩子自己学会阅读之前，一直继续上面的做法。

⊿为了使这样的阅读兴趣保持下去，即使在孩子开始自己阅读时仍要继续鼓励他，这是很重要的。最后，故事的内容就是作为保持孩子阅读兴趣的奖励。

3. 孩子的无意学习

当家长带着孩子逛公园时，将吃完的果皮随手一丢，孩子也很可能会在学校里将自己的杂物随便乱扔。因为父母并不是刻意地去教导孩子，但孩子却很可能在无意识间就学习到了这种行为习惯。生活中，喜欢和孩子交谈或跑步的父母可能培养出健谈活泼的孩子；要求孩子安静坐着读书的父母可能培养出文静、被动的孩子，这些并不是父母有意识塑造的，而是他们的日常生活对孩子无意识训练的一种结果。

因此，斯金纳提出，父母在教养孩子行为的时候并没有太多的深思熟虑，因为他们并不知道自己正在做什么。他给我们提供了一个例子，说明一个母亲是怎么样在不知不觉中塑造了自己孩子的讨厌行为。

“母亲很有可能会在不自觉地促使她不想看到的孩子的行为。当她很忙时，孩子哭了，但声音不是很大，那么她可能不会去理会孩子的呼唤和要求。这样，孩子的哭声会慢慢放大，只有当孩子声音提高到一定音量时，母亲才会去应答孩子。这样，慢慢的，孩子的哭闹声音就随着母亲的懈怠而加大，他的发声强度因此就被不断地提高了一个水平，又提高一个水平……而当母亲习惯了一种水平的叫声后，孩子只有发出更大的声音才能让自己的需求获得满足。这种恶性循环带来越来越大声的哭叫。而事实上，正是母亲的行为造就了孩子的声嘶力竭，而且让自己所讨厌的孩子哭声与她的响应态度此消彼长。”

这就如同一位罪犯母亲的忏悔一样，如果她能知道自己平日的纵容可能让儿子走进监狱，那么即使打死她，她也不会放纵自己在教育孩子中那么多无意识行为的发生，而会在日常生活中更加有意地严格要求孩子，加强对他行为及道德品质的培养。

4. 强化应该怎样做？

我们想让斯金纳箱里的老鼠或鸽子压杠杆，就要在它作出反应行为的时候给予食物的强化，让它们处于百分百的连续强化过程中。但如果是已经学会的反应，现在不再给它强化了，有机体就会处在百分之零的强化中，学习到或者说已塑造的行为就会消退。

一个反应有的时候给予强化，有的时候又不给予强化，这叫做间歇强化过程。合适的间歇性强化过程有四种类型：

第一种是定时强化。就是在固定的时间里给有机体以强化。在个体适应这种方式后，在时间间隔的后期行为就会加快。然后，获得强化之后，行为又会迅速下降。比如，要到期末考试了，学生们会拼命地复习功课，而考试过后，就又很懒散。

第二种是定比强化。在这个过程中，有机体必须做好几次行为，才能得到强化。例如一个领取计件工资的工人，他的行为就属于定比强化，他的工作越努力，工资才能越高。因为强化是按照反应的次数而不是反应的时间而定的。

第三种是可变间隔强化。就是强化的时间间隔不是固定的，在现代的一些企业里，管理者经常使用这种程序，就是不定期的给予员工一些奖励和激励措施，让员工们提高自己的工作绩效。

第四种是可变比例强化。这与前一种强化一样，是按照反应而定，只是在这种方法中，有机体得到的强化不是每 A 次强化一下，而是平均 A 次强化一下。这样，强化的频率可能会很高，也可能是很低，然而，在这个程序中，反应得越快，获得的强化就越多。这样的方法产生的效率最高。运动员比赛的行为就是在这样的程序控制下产生的。

5. 行为是可以控制的

斯金纳认为人格最终都是在环境的操纵中控制的。这种控制可以通过操作性条件反应、描述性联结、剥夺和满足，以及人身限制等多种不同方式进行。

弗洛姆曾是斯金纳观点的坚决批评者。弗洛姆认为斯金纳泯灭了人的本性，将人变成了机器人，可以随心所欲地操控。在斯金纳和弗洛姆之间还就人是不是可以控制的问题发生了一件趣事。

有一次，两个人同时出席专业学术会议，弗洛姆说："人不是鸽子，不能被操作性条件技术所控制。"当时，斯金纳就坐在弗洛姆对面的桌子旁边，听着弗洛姆激情昂扬的演讲，斯金纳想利用现场的环境强化一些弗洛姆挥舞手臂的行为，为自己的理论制造一次辩驳的机会。他给他的一个朋友递了一张条子，上面写着："请注意弗洛姆的左手，我将塑造一个他做出砍的动作来。"每当弗洛姆举起他的左手时，斯金纳就会直视他。如果弗洛姆的左胳膊挥下来的动作像是砍东西，斯金纳就会微笑并赞许地点点头。如果弗洛姆的胳膊举得比较直，斯金纳就看别的地方或者表现出像是很不耐烦的样子。经过五六次这样有选择的强化，弗洛姆在演讲中就不知不觉地开始用力挥舞他的手臂，表现得有点像是在砍东西，以至于他手腕上的表都滑落到地上。斯金纳用他的实际行为验证了自己的假设——行为是可以控制的。

6. 斯金纳的不足在哪里

斯金纳通过程序、教学机器等来塑造行为的理念已经运用到教育实践，并得到了很好的证明。他的理论还改革了智力障碍和孤独症儿童治疗和照顾，对矫正和抚育儿童都有很好的作用，而且在改造犯人方面也产生了良好的效果。

但是斯金纳的人格理论主要在于怎么样去做，而很少对人格本身做出解释。他的理论中坚持一些非常极端的思想。如认为人格完全是由人的条件作用所决定，也就是完全取决于之前的强化；曾经强化过什么，行为上就表现出什么。这种决定论与华生如出一辙。当他把婴儿箱作为有机体必须用的一种箱子时，就流露出非理性的色彩。而且认为人格只不过是人们眼皮底下的行为差异，没有什么更多的东西在里面。如果大街上路人甲和路人乙在行为上有什么差别，那么他们在人格上就有什么差别。这种理论是把人格当作行为上元素与元素的总和，这暴露出斯金纳在人格研究上的机械思想和简单化倾向。

小知识

从育婴箱到斯金纳的乌托邦

新行为主义者斯金纳相信人的行为是可以控制的。他坚信他的操作性条件作用原理可以用来改良社会，为理想的儿童教育服务，并进行了大胆的尝试。

他的第一个孩子诞生时，他决定做一个新的、经过改良的摇篮，这就是斯金纳的“育婴箱”。在他的育婴箱长大的女儿过得很快乐，并成为一名颇有名气的画家。于是，斯金纳把这一“成果”详细介绍给美国《妇女家庭》杂志，他的研究第一次受到大众的注意和赞扬。在名为《育婴箱》的论文中，他写道：“光线可以直接透过宽大的玻璃窗照射到箱里，箱内干燥，自动调温，无菌无毒隔音；里面活动范围大，除了尿布外没有多余的衣物，婴儿可以在这里睡觉、游戏；箱子内壁上挂有玩具等刺激物。可以不必担心着凉、湿疹之类的疾病。这种设计想尽一切办法避免外界不良刺激，创造适宜于儿童发展的环境，培育身心健康的儿童。”

后来，斯金纳最大胆的尝试是把行为主义原理用于改造社会。写成一本小说《沃尔登第二》，是以日记的形式描写一个乌托邦式的理想社会。斯金纳把这种社会设计称作“行为工程”，并把这样一个社会的实现寄托于中国。这是个由 1000 户人家组成的理想公社。在这个公社中，没有私有制家庭，孩子不和父母住在一起，他们最初住在托儿所，由专家集中培养，然后住进集体宿舍，13 岁左右搬进自己的公寓；一切用餐都在公社餐厅；妇女也摆脱了家务劳动；鼓励 17 岁左右的青年人结婚。婴儿从诞生之日起，就通过强化来进行严格的行为形成训练，孩子们要被训练成具有合作精神和社交能力的人，所有的训练都是为了社会全体成员的利益和幸福。

这个乌托邦社会是怎样形成的呢？在小说中，斯金纳通过小说的人物道出了他的法宝。在该书结尾，小说的主人公弗雷泽（一位实验心理学家，“沃尔登第二”这个社会的创立者）对玻里斯（一个持怀疑态度的人，最后获得了“沃尔登第二”的成员资格）说：“我在自己的一生中有个信念，——

一个真正执著的信念，那就是可以用‘控制’来表达，就是对人类行为的控制。”他把“沃尔登第二”当作行为分析的实验室和研究场所。

在当时的20世纪60年代，美国卷入越南战争，社会危机四起，人们开始怀疑美国的社会制度，向往一个理想社会。因此，斯金纳的这本书一经推出，在美国就极受推崇，大学生们尤其热衷于阅读此书，在弗吉尼亚州，甚至还有人真正根据《沃尔登第二》的模式建立起了一个公社。

三、偏僻农场中飞出来的光辉思想——班杜拉的社会学习论

1. 小农场主家的宝贝

阿尔伯特·班杜拉于1925年生于加拿大阿尔伯塔省小麦产区一个小农场——曼达勒。他的出生给班氏家族带来许多的欢乐和憧憬，因为老班杜拉夫妇一直期盼着上帝能赐给他们一个儿子来继承祖业，为班氏家族带来荣耀。班杜拉有五个姐姐，姐姐们对他十分关心，他的幼年就在家庭的温暖中度过。班杜拉的家乡是一个人烟稀少、偏远落后的地方，这对他的教育极为不利。他只上过一所当地学校，这所学校小学和中学混在一起，只有二十来个学生，两个老师。每到夏天，学生们还要为附近的高速公路平整地面。后来，班杜拉在加拿大读到本科毕业。

大学毕业后，班杜拉决定接受更高层次的研究生教育，专攻临床心理学，当时的心理学虽然学派林立，但占主导地位的有两大学派，即精神分析学派和行为主义心理学派。在一位老师的建议下，班杜拉来到美国衣阿华大学，师从著名的心理病理学家本顿（Arthur L Benton）教授，攻读临床心理学。1953年夏天，在完成了一年期限的博士后实习课程之后，班杜拉告别了学生时代，来到全美最著名学府之一的斯坦福大学心理系，从此开始了漫长而辉煌的教学与研究生涯。

2. 交互决定论

班杜拉认为，个体、环境和行为是相互影响、彼此联系的。这三方面影响力的大小取决于当时环境和行为的性质。三者的关系可以用下图来表示：

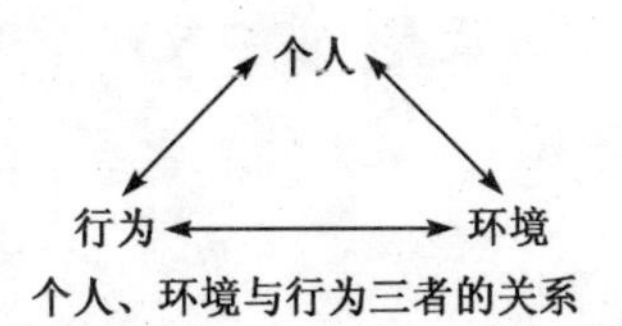

个人、环境与行为三者的关系

班杜拉批评那些把人类行为归为是由本能、驱力、需要和意图这样的内在力量组成的理论。他认为，人的认知是由行为和环境所决定的，但是行为和环境一定程度上也受人的认知影响。

有这样一个例子可以解释交互作用论。一个孩子向妈妈要一块巧克力。从妈妈角度来看，这是个环境事件。如果妈妈毫不犹豫地给孩子一块巧克力，那么在斯金纳看来，母子之间的行为是相互制约的。但是班杜拉认为，母亲会考虑自己行为的后果。她可能会想："如果我再给他一块，他就会不调皮。但是以后他在类似情况下，也可能会用相同的方法迫使我让步，所以，我这次是绝不能给巧克力的。”这样一来，母亲对她的环境（孩子）和自己的行为（拒绝孩子的要求）都产生了影响。孩子接下来的行为将有助于形成母亲的认知和行为。如果孩子不再要了，母亲就会想：“我刚才做对了，还好没有满足他。”但如果孩子开始大哭大闹，她就会怀疑自己的想法和做法，甚至产生动摇。因此，母亲的行为在一定程度上是环境（即孩子）、认知和行为交互作用的结果。

3. 观察学习的过程

班杜拉把观察学习分为以下四个过程：

注意过程

先要注意和知觉到榜样的各个方面。榜样的特征决定了观察学习的程度，有吸引力、受人羡慕、而且地位高的榜样更容易成为模仿的对象。古代有“东施效颦”，现代有“超级女生，想唱就唱”。

保持过程

学习者记住了榜样的行为，让自己观察到的行为在记忆中以符号的形式登陆。人们一般使用两种表达系统——表象和言语。个体贮存他们所看到的感觉表象，并且使用言语编码记住这些信息。

复制过程

复制从榜样身上所观察到的行为。个体将符号式的表征转换成其他适当的行为。这个过程中，有一个很重要的因素，即自我效能感（Self-Effecacy）。所谓自我效能感，就是一个人相信自己能成功完成特定任务的信心和能力。如果学习者不相信自己能掌握一个任务，他们就不能继续下去。

这里有必要强调一下自我效能的概念。班杜拉认为，自我效能影响着我们的思维、动机、行为和情绪唤醒。自我效能还涉及到人们对自己在具体任务或情境中的行为能力的判断，影响着我们从事什么样的活动，在一种情境中用多大努力，在一项任务上坚持多久，以及我们在预期一种情境或卷入一种情境时的情绪反应。他还认为人们作出的自我效能判断依赖于具体任务和情境。

动机过程

因为个体并不模仿他们所学的每一件事，强化就显得非常重要，它为学习者提供了信息和动机的原因，激励学习者编码和记住可以模仿的、有价值的行为。

其过程如下图所示：

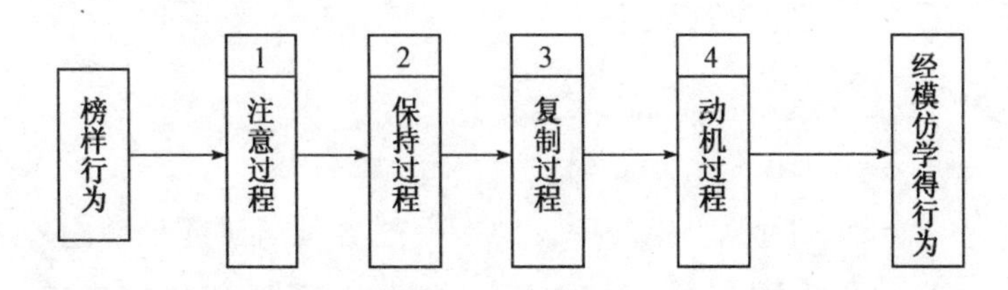

4. 学习过程中的两种强化

除了这种直接强化外，班杜拉还提出了另外两种强化：替代性强化和自我强化。

替代性强化

替代性强化指看到榜样受到强化而自己感觉到的强化。例如当教师表扬（即强化）一个学生的助人行为时，班上的其他同学也会在一定时间表现出互帮互助的行为和风气。此外替代性强化还有一个功能，就是情绪反应的唤起。例如当广告上某明星因为使用某种洗发水而风度迷人时，恰巧你自己也在用这个品牌的洗发水，如果你能体验到和明星因同样的关注而产生的愉快时，对于你这就是一种替代性强化。

自我强化

自我强化就是对自己的行为进行自我奖励。例如，参加法语补习的学生为自己设立了一个成绩标准，当语言考试的结果出来时，她就可以根据对自己成绩的要求而进行自我奖赏或自我批评。

在自我强化中，班杜拉提出了自我调节的概念。班杜拉假设，人们能观察自己的行为，并根据自己的标准进行判断，由此强化或惩罚自己。但每个人的调节是不同的。例如，在一次测验中一个学生可能因得了90分而沾沾自喜，而另一个学生则可能对同样的成绩感到大失所望。之后。前者可能会停止前进，后者则可能发愤图强。

5. 集多项殊荣于一身——评价班杜拉

在班杜拉的学术生涯中，他接受过心理学研究领域内外的多种荣誉和奖励，如：1972年，获古根海姆研究基金奖，及美国心理学会临床心理学分会杰出科学家奖；1973年，获加州心理学会杰出科学成就奖；1974年，当选为美国心理学会主席，并受聘为斯坦福大学荣誉教授；1976年，当选为斯坦福大学心理学系主任；1977年，获卡特尔奖；1979年，获不列颠哥伦比亚大学荣誉博士学位；1980年，当选美国西部心理学会主席，并获得攻击行为国际研究会杰出贡献奖及美国心理学会杰出科学贡献奖，同年当选为美国艺术及科学院院士；1989年，当选美国科学院医学部院士，还经常出入美国国会听证会。虽然他的理论有一些不足和缺憾，但这么多的荣誉也充分表明了学术界对他的贡献与成就的认可。

小知识

心理学家的偶然事件

尽管每个人都有自己的生活目标，但一生中不可以控制的事情很多，一些偶然发生但却改变人生命运的事情也不罕见。班杜拉是唯一一个重视偶遇和偶然事件的人格理论家。

班杜拉对偶遇的定义是，“互不相识的人不期而遇”，偶然事件则是出乎意料和不期而遇的经验。人们的生活中或多或少受到一些偶然碰到的人或者偶然碰到的事的影响。记得不知道有多少个人说，我也曾经路过苹果园、梨树园，为什么就不能像牛顿一样也创造“万有引力”这样闻名于世的科学公理呢?

就像所有人的生活都要受到偶然因素的影响一样，有两位著名的心理学家的职业生涯也同样受到了偶然因素的影响。亚博拉汉·马斯洛和汉斯·艾森克就是这样的例子。年轻时候的马斯洛是个非常腼腆的人，尤其在女性面前。那时他爱上了自己的表妹波萨，但因为太害羞，根本就不敢表达爱意。一天，他去表妹家拜访，波萨的姐姐把他心爱的女人推到他的面前说：“看在上帝的份上，你吻她一下好吗?”马斯洛怯怯地吻了表妹，让他吃惊的是，表妹竟然没有躲闪。从那一刻起，增强了马斯洛若干信心，也改变了他当时茫无目标的生活。他很快与表妹结婚，并且开始了自己的学者之路。

英国心理学家汉斯·艾森克进入心理学领域也是件很偶然的事情。本来他打算在伦敦大学学习物理，但必须要通过入学考试。在准备一年之后，他步入考场，可是老师说他准备的科目是错的，必须要明年再来考物理学了。他很急地问了一句，还可以报考其他专业吗？对方回答说，你现在还可以注册学习心理学。艾森克很困惑地问："心理学是个什么东西？"当然，之后的艾森克不仅明白了心理学是什么，而且还研究了人类心理的神经学的基础，成为世界著名的心理学家。

班杜拉认为，在任何预测人类行为的方案中，偶然性是个单独的维度，它使精确预测成为了不可能的事。然而，偶然也只是进入交互决定论环境中的一个因素，再加上人、行为和环境的相互作用才能对人产生影响。从这个意义上说，偶遇和事先设计好的事件对人的影响没有太大的差别。但是不能否认，许多偶遇和偶然事件对人产生的影响和作用却是持久的。

四、与行为主义理论相关的研究

1. 惩罚

惩罚是控制行为时经常使用的方法。通常包括打屁股、训斥、跪搓衣板、给"不及格"、罚款、剥夺、解雇等等，惩罚是为了降低某一个反应或行为发生的可能性。希尔斯在有关美国儿童教养实践的调查中发现，只有1%的父母从来不使用体罚来教育孩子，约有20%的人把"打屁股"作为他们主要的惩罚工具，其余的人则是偶尔也使用，工人阶层更倾向于使用体罚。

惩罚有两种效应：一种是直接惩罚。比如说一个孩子把食物随便乱扔，直接惩罚的方式就是不再给他买，那么他再也没有机会吃到这个东西。还有一种是间接惩罚。比如，上面一个例子除了不再给孩子买零食之外，还要让他负责打扫家里一天的卫生，这就是间接的惩罚。

（1）惩罚有什么效果

很多人都认为，不罚不止。但是，罚了就一定能止吗？相信每个人小时候都有过被父母体罚的经历，但是罚了之后，你保证自己就不会再犯相同的错误吗？答案可能是模糊的。

心理学家认为，惩罚的效果取决于惩罚的时间、一致性和强度。在时间上，当某个行为正在发生时，就给予一个惩罚，会很好地抑制这个行为继续发生。而在一致性上，我们经常会听到妈妈这样说："看你把家里搞得乱七八糟的。你等着，看你爸爸回来怎么收拾你！"这句话是妈妈们通常使用的法宝，让孩子们将自己的爸爸看成是执法和魔鬼的化身，但是这个"魔鬼爸爸"回来之后却常常不履行他的任务，这就和妈妈惩罚的说法不一致，这样惩罚是不会有任何效果的，留下的只是孩子对父母威胁语言的免疫能力。

惩罚的强度对效果的影响也是很大的。重度的惩罚对阻止行为非常有效。如果一个三岁的孩子总喜欢将手放在电源插座上玩，父母又无法劝阻，那么只需要让孩子稍微受一下电击，只要有这么一次重度惩罚，他可能一辈子都不会再去玩电。但是，在更多情况下，惩罚也只是暂时的。如果给予轻度的惩罚，被抑制的行为很有可能会再度发生。如果一个孩子总喜欢偷零食吃，并为此受到惩罚，但是如果惩罚和那些诱人的食物相比显得很微不足道，孩子还是会冒着破坏道德的危险，继续去偷零食吃的。

（2）惩罚也有副作用

第一个副作用是，在建立条件反射时，会让受惩罚者感到恐惧、厌恶和仇恨。惩罚总是让人痛苦和反感。有些学生经常会砸学校玻璃或者是墙壁出气，原因就是因为在学校里受到惩罚而抱怨在心。因此，在训练孩子有礼貌或者是吃饭不讲话等良好习惯时，就不能使用惩罚的办法。

第二个副作用，惩罚会让人逃避或者是回避一些反应。如果我们用一腔热情去学习音乐，但是由于没有天赋，学习的成绩不太让人满意。如果这个时候，有一个你十分在意的人评价了你一句："你的嗓子根本就是破锣，这样唱的话，会把狼引来的。"这句无异于是对你学习音乐的惩罚，导致的结果可能就是让你从此远离唱歌。

第三个副作用，惩罚会引起攻击。因为，人们都知道，对挫折最常见的反应就是攻击。当受了惩罚感到沮丧或者灰心的时候，也是最容易攻击别人的时候。身边就曾发生过这样的例子。一名同学在学习条件反射时，去实验室里做电击实验，老鼠被电击得麻木了。可在后来一次电击实验中，小老鼠突然跳起来朝着他咬过去，这位同学当时胳膊就出血了，赶紧跑到医务室止血。这个小老鼠就为我们上演了一幕惩罚下的反抗。俗话说，"狗急跳墙"，这里是"老鼠急了要咬人"。

（3）惩罚教育的守则

如果还有其他的方式能够制止不良行为的话，切忌不要使用惩罚。要更多地使用正面的教育方法，如赞扬之类的方式，这样的教育效果比起"惩罚"来，效果也将大不同。有五条惩罚教育的原则可以学习一下：

- 惩罚要在不正确行为发生时，或者是发生后马上惩罚。而且在惩罚的时候一定要说清楚原因，不然对孩子而言，教育的目的就不明确。他根本就不知道你为什么在教育他，挨了打也是白打了。

● 要尽可能使用“轻”的惩罚。在一般情况下，可以使用口头警告或批评就可以解决的，尽量避免严厉的体罚。还有，千万别打大孩子的嘴巴！对稍微大的孩子，可以采取剥夺性的惩罚，比如减少他的零花钱让他们失去实际的利益等。

● 要保持一致性。千万不要“今天罚了明天不罚”，在每次不良行为发生时都要进行惩罚。但是不要在孩子第一次犯错误时就大发雷霆，要事先有警告，然后再犯的话给予惩罚。在为孩子制定行为规范的时候，父母掌握的标准要统一，不能父亲向左，母亲向右。

● 要能知错就改。家长在教育孩子的时候也不是永远都是正确的，当发现自己错怪孩子了或者惩罚过于严厉时，要勇于承认错误，向孩子道歉。

● 要以尊重的态度进行惩罚。要给孩子留有面子和余地。相互尊重是构建和谐亲子关系的前提和基础，有了善意和尊重，孩子即使是受了惩罚，也不会对父母产生怨恨。

2. 榜样的研究

按照班杜拉的理论，许多技能都是通过观察学习获得的。观察学习就是对榜样的学习。人们对榜样的学习几乎无处不在，从幼儿园的孩子学会骂人，到社区里的老人们学跳“拐杖舞”，再到医院里的实习医生看着主治医生进行外科手术。通过对榜样的观察和学习，人们获得了大量书本中不能学到的东西。

通过观察来学习的价值是显而易见的。无论是编织毛衣、弹吉他，抑或是吸烟、酗酒，我们一般先是看着别人做，然后自己就学着做了。班杜拉认为，凡是通过直接经验学到的东西，在观察中也可以学到。

（1）从榜样中学到了什么？

通过观察一个示范作用的榜样，我们可以获得三种结果：一是学会某种新的反应或行为；二是学会使用原来已经习得的反应或行为；三是学会了某种行为规则。

观察学习是有条件的。首先，要注意观察榜样，并要记住他的动作。有时候，对于一个复杂的动作，我们虽然很感兴趣，但因为太难而没办法一下子记住。其次，我们要能够重复出榜样的动作，但也很可能永远也重复不出那些动作。当一个杂技演员在表演那高超精湛的技术时，我们是无论如何也重复不出来的。第三个条件就是，学到的反应或行为一定要得到强化，如果没有强化这支催化剂的功效，前面的学习都将付之东流。而如果一个榜样的成功反应受到了奖励，就更能吸引学习者去模仿他的行为。

（2）榜样作用对儿童的影响有多大？

在班杜拉经典的充气娃娃试验中，研究者让儿童观看成年人攻击一个充气娃娃的行为。研究的儿童分为三组，一组是在现场观看，成年人时而踢娃娃，时而打娃娃；第二组儿童看彩色录像，成年人又表演上述行为；第三组儿童观看有攻击行为的卡通片。之后，研究者给儿童一样的充气娃娃，并离开房间。结果发现，儿童都重复了成年人的攻击行为，有的甚至还加入了新的攻击行为。有意思的是，看现场表演和电视对儿童的模仿攻击行为影响更大一些，看卡通片的影响稍微要小一些。这个实验说明，榜样的作用对儿童的影响非常大。

（3）儿童是盲目学习的吗?

人们通过观察可以学习到很多行为。但是，对于没有成熟价值判断的儿童来说也是这样的吗？研究者认为，儿童是否真的去模仿这些行为取决于榜样的行为是否得到强化（或者是惩罚）。如果父母在教导孩子的时候，嘴上说的话和自己做的事不一致，当面一套，背后一套，孩子是不会听从教育的。

有这么一个例子：哥哥在玩游戏，弟弟来捣乱，哥哥很生气地大叫，并将弟弟推开。这下子，就干扰了正在看球赛的爸爸。爸爸二话没说，冲过来打了哥哥，还警告他说："你是哥哥，不能打人！这是给你的教训。"这个爸爸不许孩子打人，自己却在打人！他的行为对孩子来说，意义是很明确的，就是"谁要干扰我，我就打谁!"由于模仿效应，如果弟弟下一次再来影响哥哥玩游戏，这个弟弟多半还是会被哥哥打一顿。

（4）电视能带给孩子什么?

有人统计过，在北美洲，一个人从出生到中学毕业，平均看电视的时间是 1 万 5 千个小时，而在学校上课的时间是 1 万 1 千个小时。在这段时间里，人们会在电视中看到 1 万 8 千个谋杀镜头和无数次抢劫、纵火和爆炸等事件。

那么，看电视对儿童的生活和行为有什么影响呢？为了回答这个问题，塔尼斯找到了加拿大西北部一个还没有开通电视和广播的小镇，调查电视开通前和电视开通后镇上孩子们的变化。比较之后发现：

↘儿童的阅读发展测验分数下降

↘儿童的创造力测验分数下降

↘儿童对于性别的认识更加刻板化

↘儿童言语和身体的攻击行为有所增加，这是在男生和女生中存在的普遍现象。在电视开通前，儿童攻击性分数一些较高，一些比较低；而在电视开通以后，所有儿童的攻击性都在原来基础上有所增加。

实际上，这项研究结果并不出人意料，因为这与其他数以百计的研究得出的结论相同。即当儿童通过电视看到大量的暴力镜头之后，他们更容易产生攻击行为。而且电视中的暴力镜头不但会影响儿童，还会促进成年观众对攻击性行为的观察学习，降低观众对行为危害的警觉性和敏感性。

小知识

电视看多了会不会增加人的暴力情结?

现在许多影片的一个显著特征就是攻击和暴力行为，很多学者都认为高度接触媒体的儿童在模仿他们看到的攻击行为时，可能表现出相当高的敌意。比如，在电视或媒体大量报道重量级拳击锦标赛之后，一段时期城市的犯罪率和杀人率都会显著上升（克洛沃特和欧林，1960）。一名叫作约翰的男子在看了电影《的士司机》15遍之后，被朱迪·福斯特所扮演的形象深深吸引，就想方设法策划暗杀当时的美国总统里根。而在电影《天生清白》中，有一个女孩被其他四个女孩用瓶子给强奸了。1974年，类似的不幸事件降临到一个加利福尼亚女孩身上。强奸她的女孩们在法庭上承认她们是受到《天生清白》片中同样情节的影响而犯罪的。

学习理论主张个人特别是儿童，能够模仿他们亲眼观察到的他人、环境和电视传媒中的一些行为。这一观点遭到生物学家的反对，生物学家认为学习理论完全否定了个体的生物状态，否认了个体在遗传、大脑和学习上的差别。生物学家们认为如果一个人看到枪杀或者暴力杀人，产生反应是正常的。反应来自于人的自发神经系统，心律加快、血压升高、恶心和昏厥都是正常的反应症状。因此，症状和行为不是习得的，而是部分由继承而来。

还有一些学者指出看电视并不导致攻击行为。比如，心理学家们发现一些卡通片的暴力性非常强，可能会引起儿童描述攻击行为。但是，大多数人认为儿童把卡通片——猫和老鼠之间的战斗看成是幽默和开心。而且在看电视的时候，父母有责任告诉孩子卡通片和电视中的故事不是真实的。

费思巴赫和辛格认为电视实际上减少了儿童中攻击的数量。他们进行了一项为期六周的研究，内容是定期看电视暴力的男性青少年和看非暴力影片的男性青少年相对比。六个星期后，发现看了非暴力影片的比看了暴力影片的男性青少年更可能表现出攻击行为。因为在看暴力影片的时候，人们可以通过联想，释放自己的暴力思想和感觉，从而减少攻击性。这种理论被称为精神发泄效应，认为看暴力电视导致攻击行为减少。

第五章　特质流派人格理论

当你去一家公司应聘职务，面试官问你：你是一个怎样的人？或者问：请介绍一下你的性格特征。你会怎样回答呢？可能你和大多数人一样，大概会这样说：我比较外向，是个直率型的人；我工作勤奋、为人踏实、待人友好。其实这么一个简单的回答中，包含着两种人格心理学的理论。一种是把人归为某一类的“类型理论”，包括“偏外向”、“直率型”。另一种是分析人格特质的“特质理论”，包括“勤奋”、“踏实”、“友好”。

但在现代，类型理论因其过于简单和粗糙，没能经得住时代的考验，被更能准确描述人格的特质流派所替代了。

一、特质——人格维度的建构

1. 什么是特质？

与类型论将人分类的基本思想不同，特质理论认为人格是一个复杂的构造，由许多维度构建而成，这些维度就被称为特质。这和一个建筑是由砖、石、钢筋、混凝土搭建而成的道理是一样的。

特质论认为，每个人所拥有的特质维度是相同的，比如进取心、友好等等就像每个建筑都用到了砖、石、钢筋和混凝土，但构成收量有别一样。人和人的特质程度也存在差异，比如这个人进取心强，而那个人却没什么进取心。

因此，一种特质就是一个人格维度，不同的人在不同的维度上处于不同的水平，这样不同的维度交织叠加，就使得人呈现出状态迥异的人格。

2. 人格特质的认识是有前提的

特质流派对人格的认识有三个最基本的前提假设：

↘人格特征在时间上相对稳定。假如某个人在诚实的维度上表现很突出，那可以认为，这个人在今天是诚实的，明天依然如此，过了一个月或半年之后还是不变。

↘人格特征在不同情境中相对稳定。还以那个诚实的人为例，我们相信，这个诚实的人在不同情境下都将表现出诚实的特征来。比如他捡到了钱包会归还失主，在考试中不会作弊，坐公交车也不会逃避买票等等。

↘人群在人格维度上呈正态分布。就是说，在某一个特质上，大多数人处于中间水平，而只有少数的人处于两端。

满足了这三个基本假设，特质论者才能对人格特质进行研究。

小知识

类型理论

如果你对社会上流行的根据星座、血型给人分类的时尚有所留意的话，对人格类型理论一定不陌生。早在古希腊时代，这种分类形式就产生了。例如希波克拉底将人格和体液多少相对应，归类了多血质、黏液质、抑郁质和胆汁质四种人格。

除了希波克拉底的体液说，还有几种有影响力的类型理论：

1. 体型说。这个理论由威廉·萨尔顿（William Sheldon）在20世纪40年代提出，他把大学生的裸体照片进行了体型和生活因素之间的关系研究，将人格分成三类，在当时引起了相当的关注。萨尔顿提出的三类人格为：

⊿内胚层型：体形矮胖，人格表现为情绪放松，喜爱社交；

⊿中胚层型：体形健壮，人格表现为自信，勇敢，精力充沛；

⊿外胚层型：体形瘦长，人格表现为思虑过多，爱好艺术，内向寡言。

同体液说一样，体型说也被证实与个体的行为没有相关。（Tyler, 1965）

2. 出生顺序说。近年来，弗兰克·沙洛维（Frank Sulloway）研究了历史上的文化、科学革命中持反对或赞成意见的重要人物的出生资料，根据在家庭中出生顺序的不同，提出了人格的出生顺序说。沙洛维认为，头生儿的位置是现成的，他们可以直接得到父母的爱和关注，通过遵从父母来寻求被爱。而次生儿则需要通过反叛、创新来获得更成功的位置。因此，在沙洛维看来：

△头生儿：守旧的，安于现状的；

△次生儿：创新的，勇于突破的。

二、对弗洛伊德的反抗——特质流派的特征

1. 典型行为能够表达特质

特质流派和其他人格流派一个很大的不同点在于，特质流派是唯一一个没有治疗理论的派别，特质心理学家更多的是学术研究者，而不是治疗师。这和特质流派关注正常人，更多的以正常人为研究对象密切相关。

以人格中的焦虑为例，特质流派发现，焦虑程度高的和焦虑程度低的人在行为表现上是有差别的，那就是高焦虑的人相对沉默寡言。所以说，沉默寡言是高焦虑者的典型行为，具有跨时间和跨情境的稳定性，即从长远来看是不变的。当然，某些时候或某些场合也能看到某个高焦虑者高谈阔论，但特质论不关心在这些具体环境中某个人的具体的行为表现。

2. 行为机制并不重要

精神分析学派对行为背后的原因是最在乎的，他们的目的就是要把原因搞得一清二楚。特质流派在这一点上同样显示出了很大的不同，在乎的是对特质以及与特质对应的典型行为的

描述，至于这些行为是怎么产生却并不关心。

比如，我们因为看到某人舍不得花钱修理坏了的电视机，就用这个典型行为证明了他具有节约的特质。但如果我们想进一步知道为什么他具有节约的特质，那么特质流派能够告诉你的也许是：因为她都舍不得花钱修电视机。显然，在后一个解释中，特质流派实质上什么也没有告诉你。但如果用同样问题问精神分析学家的话，他也许会和你谈这个人童年时候的经历，然后一步步向你论证他现在为什么会如此节约。

3. 更容易把人进行比较

特质流派研究人格的一个优势就在于能容易地把人们进行比较。特质流派一直致力于研究人格的不同维度，并为了测量特质的不同表现而不懈努力。为此编制的人格量表，数以百计。举例来说，当研究得出结论“有女性化倾向的男性更容易害羞”时，含义是：在女性化人格维度上得分高的男性更容易害羞。这个结果是通过将男性相互比较——主要是指通过量表测量——得出的，而在特质流派的研究中进行类似的人格比较非常普遍。

根据不完全的统计，在世界上最权威的人格心理学杂志上，有88.9%的论文涉及了至少一项人格特质的测量（Jerry. Burger，2004）。这不仅显示了特质流派目前在人格理论的研究中占有绝对优势的地位，而且也告诉我们，通过测量来比较人格的差异是当前最为普遍的研究人格的方式之一。

三、特质理论开天辟地第一人——奥尔波特

> “同样的火候使黄油软化，使鸡蛋变硬。”
>
> ——高尔顿·奥尔波特

1. 从刺激中走出的特质理论家

高尔顿·奥尔波特是心理学界公认的特质学派的创始人。他和哥哥弗劳德·奥尔波特（Floyd Allport）早在1921年就共同出版了第一部关于特质的著作《人格特质：分类和测量》，日后成为特质理论流派诞生的标志。

奥尔波特生于美国，早年因为动作笨拙而常受同伴嘲笑。后来跟随哥哥弗劳德进入哈佛大学，完成了本科和研究生阶段的学习，并与哥哥选择了同样的研究领域——心理学。

大学毕业后，奥尔波特有机会到维也纳拜访弗洛伊德，这次会面对奥尔波特产生了重大影响。当时弗洛伊德带奥尔波特到自己的工作室，坐下后就一言不发。奥尔波特不习惯这么安静沉闷的环境，就对弗洛伊德说了一件自己在公共汽车上看到的事情：一个小男孩很怕脏，总是对妈妈说，“这里太脏，我不要坐”，“这个不干净，我不愿意坐到他的旁边”等等。而男孩的妈妈看起来很古板，好像是居高临下，喜欢支配别人的样子。妈妈的特征可能就是孩子怕脏的原因。等奥尔波特说完之后，弗洛伊德以治疗师的目光问他：“这个孩子就是你自己吧?”搞得奥尔波特瞠目结舌，感到受到很大的伤害。

这次经验对奥尔波特后来的人格理论形成有决定性的影响。他认为弗洛伊德过分重视人的无意识行为和动机，这引起

奥尔波特对精神分析的反感，使他确定了自己的研究方向和对人格理论的新主张。

2. 辩证统一的理解特质

奥尔波特对特质的看法是辩证统一的，首先，奥尔波特认为特质是一种神经心理结构，虽然不是具体可见的，但可由个体的外显行为推断它的存在。由于没有两个人会有完全相同的特质，所以面对同样的环境，个人的反应必然是有所区别的。这就是奥尔波特的名言 “同样的火候使黄油软化，使鸡蛋变硬”所表达的含义。

其次，奥尔波特既重视人格的稳定性，也看到了人格的可变性。奥尔波特强调，一个人具有了某种特质，必然会在各种场合和不同时间的行为中表现出来，这种认识为特质流派的理论发展奠定了基调。但奥尔波特也不否认人格特质是会变的，他说：“性情绝不会一成不变，否则会多么乏味——但如果只有变化而没有一定之规的话，又会多么的混乱。”在强调人格的变化时奥尔波特还说：“人格像每一种有生命的物体一样，随着成长而发生变化。”

3. 特质是有层级的

奥尔波特对特质进行研究分析后，把特质分成了三个层级，分别是枢纽特质 （cardinal trait ）、核心特质(central trait)、次要特质(secondary trait)。在奥尔波特看来，枢纽特质只有在少数人身上才能看到，且一个人只具有一种枢纽特质。一个人如果具备了某种枢纽特质，则他的一切行为都受此影响。很多文学作品塑造的人物之所以有名，就是因为他们的枢纽特质在作品中被表现得淋漓尽致，以致这些名字往往被当成了一种枢纽特质的代名词，比如葛朗台代表吝啬，林黛玉则和多愁善感相联系。

核心特质是对一个人行为表现的多方面的但又是高概括性的描述。奥尔波特认为，我们要想描述一个人的人格，确定他的核心特质是最有效的方法。虽然不同的人所拥有的核心特质数量是不同的，但奥尔波特确信，只要心理学家能编制出完善的诊断方法，必然能得到所有人都共有的5—10种特质。比如要求你概括一个朋友的特点时，因为对他比较了解，你就会从这个人行为的一贯表现来进行描述，比如：守时、整洁、坚韧等等。

除了枢纽特质、核心特质以外，还有一些次要特质。后者体现在个体生活某个更狭小的领域中，且在人格过程中所起的作用要相对小些。次要特质往往在一个人的爱好上有所体现，比如食物、衣着等等。

4. 特质就是动机，而动机有自主性

奥尔波特相信特质发动行为，所以特质等同于动机。他说："动机的单位和人格的单位关系如何呢？我认为所有的动机单位同时也就是人格的单位。"

奥尔波特对动机的看法完全不同于弗洛伊德。在弗洛伊德看来，人之所以产生某一行为，都和童年的经历有密不可分的联系。而奥尔波特认为，这种过去决定现在的观点是机械的，人的动机具有自主性，他称为机能自主性。

比如，大学生入学时努力学习的动机可能是不想不及格，但到后来，当他渐渐喜欢上自己的专业时，努力学习的动机就是对专业浓厚的兴趣。在奥尔波特看来，同样的行为在不同时期动机是会发生变化的，这证明动机具有自主性。奥尔

波特的这一看法，肯定了人的主动性，从而提高了对人的价值的认可。

阅读篇

来自詹妮的书信

詹妮是一位加拿大老妇人，早年丧父，儿子还未出生时，丈夫就死了，此后一直寡居。儿子长大后与詹妮相处不好，最后闹到她把儿子赶出了家门。此后詹妮开始与老朋友通信，当时她已经58岁，直到她1937年70岁逝世，其间共写了301封书信。

在1927年1月的一封信中，詹妮描述了她的童年：

"……有一天我父亲摔死了，没有留下供给家里7口人的任何东西。这7口人都不到18岁，没有一个人有能力挣钱，是我的薪水维持了这个家……当我与相爱数年的人结婚时，没人反对，但怕我把钱带走……他们说我像一头牛，挤出奶……"

在1928年6月的信中，詹妮表现出了一种悲观情绪：

"……不管怎样，我确信我已临近末日，必须快走。我必须做在这个世界上我可能做的任何有用之事。是好是坏，已经过去和做了的，没有什么能改变的了……对我有用的日子已成为过去……"

奥尔波特请36个评判者读了这301封信，并按自己提出的要求用198个特质中的一些词汇来描述詹妮。最后奥尔波特归并出最能正确描述詹妮特质的8个词：1. 多疑；2. 自我中心；3. 独立；4. 戏剧性；5. 爱好艺术；

6. 攻击性；7. 玩世不恭；8. 多愁善感。

后来，有研究者利用计算机对詹妮的书信进行了因素分析研究，也得出了类似的8个单一的人格因素。

四、从表象到深层的研究——卡特尔的特质理论

1. 多产的心理学家

雷蒙德·卡特尔1905年出生于英国，是公认的最著名的人格心理学家之一。童年经历了第一次世界大战，对他触动很大，成为他从事心理学研究并终生勤奋工作的最初推动力。19岁时，卡特尔获得了伦敦大学化学学士学位。但很快转读了心理学，并成为心理学家、也是因素分析发明人斯皮尔曼（Charles Spearman）的研究助手。这段经历显然使卡特尔受益匪浅，后来因素分析成为他研究人格最得力的工具。

获得博士学位后，卡特尔应邀来到美国，辗转于多个大学从事研究，并在哈佛大学和奥尔波特共事。正是在哈佛大学工作期间，卡特尔萌发了利用因素分析进行人格结构研究的兴趣，并从此坚定不移地走了下去。

1891年，卡特尔作为心理学教授来到哥伦比亚大学担任心理系主任，在那里一直工作了26年。卡特尔一生共出版了56著作，发表了500多篇研究报告，成果惊人。曾经有人评论道：卡特尔决定从事人格研究对化学领域也许是一大损失，但对心理学显然是一大幸事。

2. 特质不是孤立的岛屿

和奥尔波特不同，卡特尔更关注人格的基本结构。他相信，所有人都有共同的人格结构，而人格研究的目标就在于发现这个结构的共同因素。通过研究，卡特尔发现了很多特质，并从不同角度对其进行分类，从而勾画出了人格的基本结构：

（1）个别特质和共同特质：个别特质是指某个人特有的内容，比如你在公共场合容易惊慌，而你妻子却总是落落大方。而如果某种特质在一个群体的每个人身上都有所体现，那么这个特质就被称为共同特质。比如我们常说中华民族是个勤劳的民族，言下之意就是中国人普遍具有勤劳这个特质。当然，需要注意的是，这并不是说所有中国人都一样勤劳，勤劳这一特质在不同中国人身上的表现是不同的，程度不同，变化和发展趋势也不同。所以共同特质指的是相对的情况，是在一个高层次上的概括。

（2）表面特质和根源特质：表面特质处于人格的表层，直接表现为人的行为和态度，可以观察到。而根源特质处于深层，只有通过一定的概括研究才能发现。

比如，明明每天都乐呵呵的，经常去和朋友聚会，电话簿里的人名多得数不清，邻居都很喜欢明明，家里很少能看到他的身影，书桌上堆的都是教人沟通的书籍等等。这些都是他表面特质的体现。而从这些表面特质，我们可以得出，明明喜爱社交，在社交性特质上处在高分。

卡特尔认为，人格研究的关键在于找到人格的根源特质，这是人们所共有的，有了根源特质就可以更便捷地将不同的人们进行比较。他最终研究得出了 16 种基本的根源特质，如下表所示，并形成了举世著名的 16PF 人格问卷。

16个根源特质		
	高端	低端
乐群性	外向、热情	冷漠、刻薄
聪慧性	聪明	愚钝
稳定性	沉静、情绪稳定	不稳定、容易激惹
恃强性	武断、好斗	温顺、随和
兴奋性	好动、活泼	冷静、严肃
有恒性	自觉、守规则	玩世不恭、漠视规则
敢为性	胆大、冒险	退缩、犹豫
敏感性	富于幻想、敏感	讲求实际
怀疑性	怀疑、警觉	信赖、接纳
幻想性	想象力强、不切实际	脚踏实地、现实
世故性	老练、精明	坦率、朴实
忧虑性	不安、焦虑	自信、满足
试验性	思想自由、求新	保守、传统
独立性	自立	依赖
自律性	受约束、强迫	任性、松懈
紧张性	紧迫感	沉着、镇定

3. 不一样的研究方法

卡特尔的研究方法是因素分析法，这是以相关为基础的统计方法。当一个事物随着另一个事物的变化而变化时，我们就认为这两个事物是相关的。比如，当一个物体体积变大时，重量必然增加，因此我们说物体的重量和体积之间相关。

因素分析的目的就是把相关程度大的方面归为一类，相关小或不相关的方面分开，从而得到多个不同的类别，这些类别就称为因素。比如，我们进行了四个测验，分别测了阅读理解、写作、同情心和合作性。发现阅读理解的分数和写作分数之间高度相关，而同情心和合作性之间高度相关，由此，便得出两个因素，即：

A因素：阅读理解、写作

B因素：同情心、合作性

卡特尔的研究程序是这样的，首先收集尽可能多的人格材料。卡特尔把人格材料分为3类：（1）生活记录材料（L-data）：包括对个人日常行为的记录、学习成绩、他人的评价等等；（2）问卷材料（Q-data）：给被调查者发人格问卷，由被调查者填写；（3）测验材料（T-data）：通过对被调查者进行客观性的测验获得的材料。

然后，卡特尔用4000多个描述人格词汇对收集来的材料进行数据化处理，并进行因素分析，找到共同的因素，得到卡特尔人为的根源特质，最后对每个根源特质命名，就是上面提到的16个根源特质。

然而，因素分析的研究要比我们介绍的复杂得多，原因在于人格本身是复杂的，很多时候难以得到简单明确的因素。比如说，通过研究你可以简单地把“同情”和“仁慈”归为一个因素，把“忍耐”和“坚持”归为一个因素，但当测了“独立性”和“正直”这两个特质时，因素的量和质都可能发生改变。所以，卡特尔经过长期研究能得到公认的16个相对独立的人格因素是非常不容易的。

小测验

知道这是在测什么吗？

下面这个小测验，测的是一种人格特质，你能从题目上看出测的是什么内容的特质吗？

1. 当你的朋友们遇到麻烦时，你会发现：

（1）他们来找你帮忙

（2）只有那些亲近的朋友来找你帮忙

（3）他们不愿来麻烦你

2. 你与远方的朋友的联系频繁吗？

（1）每年一次，在圣诞节或别的特殊机会

（2）每当他们与你联系时

（3）相当频繁——只要你喜欢

3. 在一次联欢会上，人们要你唱歌或做什么游戏，你会怎么样？

（1）请求原谅，然后避开

（2）兴致勃勃地接受这要求

（3）干脆不客气地拒绝

4. 最近一次你的朋友来你家，是因为：

（1）你觉得与他们合得来，并感到愉快

（2）他们喜欢你

（3）不得不这样

5. 你是否打算去婚姻介绍所、恋爱角或其他能提供交际的场所？

（1）你的自尊心阻止你去

（2）你还不至于那么孤独

（3）这主意似乎不错

6. 当你假日旅行时，你

（1）常常很容易地交一些朋友

（2）宁愿独自消磨时光，或与自己的同伴在一起

（3）希望交上些朋友，但却不能如愿

7. 当一伙朋友对你搞恶作剧，你会

（1）和他们一起开心

（2）感到气恼，并表露出来

（3）可能既有(1)也有(2)，这要看你的心境和当时的情况

8. 家庭和朋友哪个在你的社交生活中最重要？

（1）我总是把家庭摆在社交生活之前

（2）家庭就是我的社交生活

（3）朋友和家庭对我一样重要

9. 你约好去会见一位朋友，可你非常疲倦。你想打电话解释一下，可是电话打不通。这时你会怎样？

（1）不去赴约，希望能理解

（2）去赴约并且努力使自己高兴

（3）去赴约，但及早地回家来

10. 当你和自己不喜欢的人在一起时，你的表现如何？

（1）尽可能友好而礼貌

（2）只是尽可能礼貌

（3）表示出冷淡和厌烦

五、特质流派的新发展——五因素模型

如果你是一位雇主，在你面前有五位应聘者，第一位在人格测验上表现出很高的外向；第二位最大的特点是情绪稳定；第三位有很强的创新性；第四位随和性得分很高；第五位表现得最有责任心。如果你需要尽快决定录用一人的话，你会录用谁？你可能会根据岗位的要求来判断。

1. 由繁变简——大五的出现

确定和描述人格的基本维度，一直是特质流派的最主要任务。在卡特尔得出了 16 个基本人格因素后，这种总的研究趋势并没有停止。随着统计方法的不断改进，计算机应用的不断普及，研究的规模不断扩大。除了在西方社会进行研究外，其他地域的人格数据也被收集起来，并进入了研究者的视野。但基本的研究思路和卡特尔的研究是相似的：（1）用描述人格的词汇给被调查者评分，比如在“负责任——不负责任”两极间确定一个位置；（2）然后对得到的数据进行统计学的处理，确定这些词汇之间的相互关系；（3）最后形成因素，并给因素命名。

经过努力，到 20 世纪 90 年代，特质理论家得到了比较一致的认识，即认为人格的基本因素有五个，称为五因素模型（five-foactor model），习惯上也被称为大五模型。五因素模型认为，人格的基本维度包括：“神经质（neuroticism）”、“外向性（extraversion）”“开放性（openness）”、“随和性（agreeable-ness）”、“尽责性（conscientiousness）”。

2. 大五的组成

神经质

该维度描述的是情绪方面的稳定性，在这个维度的高分通常表现为消极情绪多、烦恼、缺乏安全感、对自我不满意等，而处于低分的则表现为情绪平静、有安全感、对自我满意。

外向性

该维度的高分表现为外向，爱好交际，通常还可能表现得精力充沛、乐观、向上、自信和友好。处于低分的则表现不同，内向，不爱与人相处，享受独自一人的生活，但并不表示不友好，或排斥他人。

求新性

该维度描述的是对世界的开放态度。处于这个维度高分的人往往喜欢新奇的事物，容易接受新事物，思维活跃，思想独立。而处于低分的人更趋保守，对规则比较看重。显然对于需要创造性的工作来说，人格具有高求新性是非常必要的。

随和性

这个维度描述的是对他人的关注程度。随和性高的人乐于助人，对他人富有同情心，也表现得更信赖他人。而随和性低的人则对人抱有敌意，不信任人，因此难以接近。研究发现随和性高的人更容易讲求合作，而不看重竞争；相反随和性差的人更在意竞争，而忽略合作。

尽责性

这个维度描述的是人们的责任心，有责任心的人往往做事有条理、有计划，尽心尽责，并能坚持到底。无责任心的人常马虎大意、没有责任，并很难坚持。

尽管五因素模型得到了广泛的认可，但依然有心理学家认为这个模型存在缺陷，理由是这个模型基本是描述性的，是通过统计分析后得出的结论，缺乏有力的理论根据。也就是说五因素模型无法回答：为什么人格的基本维度是这五个因素？而不是四个或六个因素。

3. 从大五中走出的测量

（1）测量观察者对人格的看法

以观察者的角度来测量人格是一项相对直接的任务，它要求观察者对人格的各种问题进行等级评定。现在已经有了一系列严格标准化的评定工具，包括临床心理学家使用的Q分类技术和现代工业心理学家使用的360度评价表。而且，大五人格模型为等级评定带来了有用的分类方法。

（2）测量扮演者对人格的看法

从扮演者的角度来看有两个人格模型，即特质理论模型和经验模型。比较流行的是特质理论模型，它基于两个主要的假设。首先是个体的人格是可以用特质——内在的神经生理结构来描述的，评估的目标就在于测量这些特质。第二，这一模型还假设人们能够将各种不同的特质在他们的生活中起的重要作用的程度报告出来。有了这两个假设，测量的过程就变得相对直接：先写出与某种特质有关的一系列题目，然后用这些题目去测量一组被试，再计算这些题目间的相关，并将相关最高的题目保留下来。

这个过程可以计算假设的特质维度的同质性和内部一致性。

小测验

你是个尽责的人吗？

读完这一章，你一定明白开篇中那名雇主面临的问题实质上就是如何通过五因素模型的测验来选择合格员工。那么，哪个因素最能预测员工的工作绩效呢？大量研究已经表明，尽管其他因素对工作绩效也有影响，但直接和绩效相关的只有一个因素——“尽责性”。

以下是心理学家编制的尽责性量表，测一下，看看你自己是个尽责任的人吗？

根据你的情况，使用1—9分来做回答。1表示非常不正确，9非常正确。

	得分		得分
仔细		疏忽大意*	
粗心*		有组织能力	
尽责		有实际经验	
缺乏组织能力*		守时	
有效率		邋遢*	
无计划*		坚定	
效率低*		有条理	
不切实际*		有始有终	
整洁		不可靠*	
缺乏坚持性*		缺乏条理*	

计分方法：所有打“*”号的反向计分，即：该题得分 =10－原始分。然后把 20 个项目得分加总起来。已有研究表明，在大学生群体中本量表的平均分为 123.11，标准差为 23.99。得分高就代表你是一个很尽责任的人；分数低则可能说明你的责任心不高，还有待于进一步加强。

六、害羞，让我们远离人群——特质流派的一项研究

在聚会上，你是否有过这样的发现：一位女士微笑着踏入大厅，自如地向周围遇到的每一个人介绍自己。显然，大家都彼此不认识，但这位女士很快就找到了话题，侃侃而谈自己最近的一次冒险经历，告诉大家办公室里的奇闻轶事。她那样挥洒自如，多少让人有些吃惊。然而形成对比的是角落里的

一位男士，他几乎是溜进大厅的，沿着墙走了几步就迟疑着停了下来。他小心地环顾四周，似乎在寻找谈话对象，但当有人真的走近时，他立刻低头看自己的脚底了。就这样一个人站了十几分钟后，这位男士不知不觉地退出了大厅。

1. 什么是害羞？

社交焦虑，通常称为害羞，是特质流派研究的内容之一。显而易见，以上两个人在社交焦虑的特质上有很大的区别，那位女士在人群面前镇定自若，而那位男士则过于害羞。那么，有多少人容易害羞？是什么让人们变得害羞？害羞的人有哪些特征？这些问题都是研究者希望回答的问题。

社交焦虑是一种只与社会交往有关的焦虑，像舞台焦虑、约会焦虑等都是社交焦虑的具体体现。一般社交焦虑的症状表现为：在特定的社交环境下，面对观众或陌生人，感到紧张，呼吸急促、出汗、不能专心、词不达意等等。已有的调查显示，大约有40%—50%的人认为自己在某些或大部分社交场合感到害羞，而其中只有大约10%的人的害羞是天生的，即气质性的。可见像上面提到的那位男士的害羞表现其实非常普遍。

有些害羞的人是内向的，但内向并不等同于害羞。内向的人不参加社交活动是他们喜欢独自呆着，而不一定是因为面对他人感到害羞。同样，调查发现，外向的人也可能有社交焦虑，他们被称为“外向性害羞的人”。在社交场合上“外向性害羞的人”非常活跃，但内心是害羞、紧张、焦虑的。

2. 人为什么会害羞？

社交焦虑者最大的不安来自哪里呢？研究者认为，社交焦虑者过于关注别人怎样看待自己，当他们同陌生人谈话时总在考虑自己是否说错话，感到自己的谈话难以激起对方的兴趣，自己一定很傻。这种担心分散了注意力，使得口误、结巴、理解错误不断出现，从而导致生理唤醒度提高，以致出现脸红、出汗、发抖等等。

很多研究都证实了害羞的人在人际交往中对自己的评价比较低。在一项研究中，研究者要求参与者面对电视参加讨论，并告诉他们这是个远程会议。尽管实际电视画面是事先录制好的，但害羞者还是认为电视里的人不喜欢自己或对自己的观点不认同。

从社交技能上来说，害羞者也有一些弱势。他们最大的问题并不在于维持话题，而在于很难寻找话题。彼此沉默的瞬间是害羞者最难受的时刻，而引出话题对他们来说简直苦不堪言，因为他们总认为自己想谈的一定没人感兴趣。

为了降低焦虑带来的巨大压力，害羞的人往往回避社交活动，即使不得已参加，也往往采取目光回避的策略来避免尴尬。研究害羞者和陌生人的谈话录像发现，害羞的人更多地同意谈话对象的意见，目光接触的比例也低于对方。他们企图通过回避目光接触减少内心的焦虑，而通过附和对方的观点给人留下好印象。

3. 害羞为什么会因人而异呢？

为什么有些人容易害羞，而另外一些人却谈笑风生，举止自然？心理学家认为原因大概有四个：

（1）遗传因素。家族人格遗传的研究、双生子研究等都证明了确实有些孩子生来就是害羞的。他们在进入陌生环境时，显出特别的沉默和尴尬。这是气质生的，不容易改变。

（2）社交活动中的挫折经历。如果儿童时代因为社交失败而被同伴嘲笑，那么很有可能这个孩子会成为社交焦虑者。

（3）文化环境同样是必须考虑的方面。心理学家已经发现，害羞特质在亚洲地区的比例最高。在对9个国家和地区的对比研究中发现，日本和我国台湾人最容易害羞，而以色列人最不容易害羞。亚洲文化关注个人在团体中得到的评价是造成容易害羞的主要原因。

（4）电子和网络时代人际交往活动的减少也增强了社交焦虑。心理学家对当今的年轻人进行了调查，发现被电子产品和计算机网络包围的青少年产生更多的人际隔离感，更容易在社交场合产生焦虑。

小知识

如果害羞，我该怎么办?

当你面临害羞时，可以尝试着用下面一些心理小贴士：

◿ 要知道，并不是你一个人感到害羞，很多人都和你一样。很可能现在和你谈话的人比你还害羞呢。

◿ 即使你是天生害羞的人也没关系，要知道，没有什么是改变不了的。只要你努力，就有可能改掉害羞的习惯。

◿ 尝试着对人微笑，更多倾听对方在说什么，而不去想自己该说什么。

◿ 学会提问吧，一些小问题也许能让你很快找到大家都感兴趣的话题。

◿ 在重要场合发言，事先做好充分的准备，比如写好发言稿、面对镜子练习几次，这样可以很快降低你的焦虑。

◿ 深呼吸有利于降低心跳频率，想象自己处在一个最好的状态也能帮助你更好地应付害羞的场面。

第六章 人本主义人格理论

20世纪 60 年代的美国处于一个喧嚣的时代，因为卷入了越南战争给普通人民带来了极大的创伤，国内的反战运动迭起，许多大城市发生激烈的种族抗议活动。“嬉皮士”公开反对父母及国家的价值观，他们充满着不信任，逃避社会。

同时经过了精神分析和行为主义的洗礼，人们越发觉得前面二者都忽视了人性中一些非常重要的东西：人的价值、潜能、自由、尊严，他们把行为说成是受控于本我的冲动或外界的环境而不是个体的选择，无视个体自主的作用。

在这种情况下，人们需要一种新的心理学理论，由此人本主义者开始了一场被称为“第三势力心理学”的运动。他们提出自由、价值、潜能可以促使健康的个体变得更健康，即实现他们的全部潜能，那么应该更加强调人的独特性及其积极的一面，而非消极的方面。

一、共同范式下的基本信念——自我实现

人本主义心理学家坚信人们的“真实自我”需要一个良好的环境，如：温暖、别人的美好祝愿、父母对子女的关爱等，才能让自我得以实现。他们理论的一个共同方面就是，都强调自我实现与实现真实自我的过程。他们所持的基本信念有：

（1）研究动物对研究人没有什么参考价值；

（2）主观实在是人类行为研究的指南；

（3）研究个体比研究群体更有意义；

（4）主要精力应放在发现那些能拓展并丰富人类经验的事情；

（5）应该寻找那些能帮助解决问题的信息；

（6）心理学的目标应该是完整地阐述为一个人意味着什么。

在这样的基本信念下，人本主义学派也提出了自己的研究对象：（1）研究整体的人或人的整体，人的整体正是指人格。（2）研究健康人的心理或健全的人格。马斯洛认为：“如果一个人只潜心研究精神错乱者、神经病患者、心理变态者、罪犯、越轨和精神脆弱者，那么他对人类的信心势必愈来愈小，他会变得愈来愈现实，尺度愈放愈低，对人的指望也愈来愈小。”（3）研究出类拔萃者或社会精英。他们在马斯洛看来是自我实现的代表，是健全人格的典范。（4）以人的本性、潜能、价值、经验作为研究主题。

二、四大核心内容

1. 人的责任

人们经常说“我不得不”这样的话，意味着人们最终要对

发生的事情负责，这就是人本主义人格理论的基础。但其实，我们不一定非要做这些事情，我们甚至可以不做任何事情，特定的时刻，行为只是个人的选择而已。

弗洛伊德和行为主义者倾向于把人说成是无法自控的，而人本主义心理学家则把人看作自己生活的主动构建者，可以自由地改变自己，其心理治疗的主要目标就是使来访者认识到他们有能力做他们想做的任何事情。

2. 此时此地

有些人活在记忆里，常常追忆往昔的美好时光，或者反复地回味过去的尴尬遭遇或是痛苦的分离。而另一些人恰恰相反，他们总是在计划将来的日子，在心中预演将要发生的故事。而一个人本主义心理学家则觉得每天怀旧或者做白日梦都使人失去了当下的宝贵时光，当前应该去呼吸新鲜空气，欣赏美景或者与身边的人交谈来提高自己。

按照生活的本来面貌去生活，我们才能成为真正完善的人。过多地反省过去和计划将来都是浪费时间。有广告语曾经说道：假如你的生命只剩下一年，你想做些什么？吃满汉全席还是周游世界，建设希望小学还是努力成为一名画家，等等……那么你还在等什么呢？活在当下是一种积极的心态，不是非要给一个压力，我们才珍惜眼前。也不必成为过去的牺牲品，过去对现在的影响并不是一成不变的。

3. 个体的现象学

没有人比你更了解自己。人本主义治疗师努力去理解来访者的问题所在，给予来访者充分的认可，通过指导使来访者自己能够帮助自己。那么有些人会问，既然来访者自己能解决问题，那还要治疗师做什么？其实这个很容易理解。你可能也会有类似的经历，遇到问题时朋友会给你建议，但是别人帮你做决定并不一定如你所愿，往往是权衡了别人的建议之后，最终自己拿定的主意最见成效。

4. 人的成长

假如命运女神今晚敲开你的门对你说，明天你将中五百万的福利彩票，从此和心爱的人健康平安地生活，你会幸福吗？你会幸福多久呢？根据人本主义心理学的观点，让所有需要立刻得到满足并不是生活的全部。当人们眼前的需要得到满足后，我们不会一直感到满意，而要积极地寻求发展。除非有困难阻碍着我们，否则我们会不断朝更满意的状态前进。

小知识

存在主义

存在主义（existentialism）是一种将人的存在当作全部哲学基础和出发点的哲学思潮，产生于19世纪30年代的德国，盛行于第二次世界大战中遭受破坏的法国，并迅速扩散到欧美等地。著名的存在主义心理学家包括宾斯万格、弗兰克尔和罗洛·梅等人，他们心理治疗的焦点是解决存在的焦虑，解决个人因为生活没有意义而产生的恐慌感，通过强调自由选择，建立一种可以减轻空虚、焦虑和烦恼的生活方式，培养对人生更加成熟的态度。

存在主义认为：（1）人是个体存在的人，是在追求着和感受着的人，是具有独一无二的个性的人；（2）个人的绝对重要性，存在的个人首先是无限的关怀他本身、他的命运和他的价值；（3）每个人都有独立选择自己人生道路的自由，每个人都必须对自己的选择负责；（4）每个人的选择都受到他所处的具体的和历史的条件制约，个人所选择的价值标准都从某一角度反映了他所处的社会环境。

三、接力赛的第一棒——马斯洛的人本主义

1. 任何有孩子的人都不可能成为行为主义者

亚伯拉罕·马斯洛于1908年4月1日出生于纽约的布鲁克林。他是七个孩子中的老大，父母是俄裔犹太移民。马斯洛回忆说，父亲喜欢威士忌、女人和打架；母亲极度迷信，而且性格冷漠残酷。尽管不喜欢父亲的个性，但是马斯洛最终还是与父亲和解，但他不能接受母亲的残酷，而且终其一生地恨着她，以至于在她去世时还拒绝参加葬礼。

他最初的专业和他后来成为人本主义心理学创始人的道路差之千里。他在纽约市立大学读了一年法律后发现自己毫无兴趣，于是退学后去了康奈尔大学，以后又去了威斯康星大学学习心理学。具有讽刺意味的是，最初吸引他学心理学的竟然是行为主义，特别是华生的理论。“对华生的计划，我感到非常激动”，他说“我确信有一种真正的方法，可以解决人类的一个又

一个问题，最终可以改变世界”。尽管马斯洛对行为主义的热情最终消退了，但他要通过心理学的方法解决世间问题的愿望却一直没有泯灭。

马斯洛 1934 年在威斯康星大学获博士学位，在这一阶段他是一个忠实的行为主义者，与哈洛一道在动物实验室工作。毕业之后，马斯洛去了哥伦比亚大学，与著名的学习理论家桑代克（E.L.Thorndike）一起工作。在他的第一个女儿出生的时候，他产生了一种神秘的体验，和他后来说的高峰体验非常相似。看着新生儿，他意识到行为主义不能提供他需要的理解人类的知识。“我看着这个小小的、神秘的东西，感到自己是如此的愚蠢，”他说，“我很震惊，有一种失去控制的感觉，任何有了孩子的人都不可能成为行为主义者。”

2. 马斯洛的理论发展

其实马斯洛在 20 世纪 30 年代末已经提出，心理学家们不应该花太多的精力来研究受损的心灵；应该研究健康的人格，特别是那些完成了自我实现的人的人格。这些人早已挣脱了所有关于人格理论的心理学枷锁。马斯洛不屑于研究人性中最坏的一面，而是从最好的一面入手。1951 年，马斯洛任布兰迪斯大学心理学系主任，并成为心理学第三势力的领袖。1954 年，他把自己关于人格的见解写入了一本叫做《动机与人格》的书中。他首次提出人本主义心理学的概念。1967 年马斯洛当选为美国心理学会主席，这标志着人本主义在美国心理学界的地位得以确立。

著名哲学家尼采有一句警世格言——“成为你自己”。在马斯洛看来，完成了自我实现的人就是用行动实践了这句名言。马斯洛认为所谓“自我实现”是指一个人能充分利用和开发自己的智慧、能力和潜能，尽自己最大的能力去完善自己。

3. 与大多数人切合的金字塔——需要层次理论

在理解人性问题上，马斯洛找到了一个非常恰当的突破口——人类的动机和需要。他的动机理论，几乎可以运用到个人及社会生活的各个领域。他提出了由低到高、由强到弱呈金字塔形状等级系统排列的需要层次理论。

（1）生理需要

这是人们最原始、最基本的需要，人们需要食物、水、睡眠等。这些都是最基本的，也是我们必须首先满足的需要，同样也是推动人们行动的强大动力。显然，这种生理需要具有自我和种族保护的意义，以饥渴为例，这是人类个体为了生存而必不可少的需要。当一个人存在多种需要时，例如同时缺乏食物、安全和爱情，总是缺乏食物的饥饿需要会占据最大的优势，这说明当一个人为生理需要所控制时，那么其他一切需要都被推到脑后。

（2）安全需要

一旦人的生理需要得到充分的满足，就会出现马斯洛所说的安全需要。包括着需要稳定、被保护、远离恐惧和混乱，以及对结构和顺序的需要。在健康、正常的成人身上，安全需要一般都得到了满足，但儿童阶段对安全的需要占据主导地位。个人发展中停留在安全需要的人可能会因为寻求安全感而导致婚姻不幸或者去参军。

（3）归属和爱的需要

现今世界上有一大部分人都已经满足了吃、喝、安全和稳定的基本需要。大部分人已经有工作、有家庭，衣食也无忧，但是这些需要的满足并没有让很多人感到幸福，因为在这些基本需要满足的基础上，人们出现了对友谊和爱的需要。马斯洛指出，“现在人们强烈感受到缺少朋友、妻子和孩子的爱，人们渴望与他人之间有亲密关系，尤其是在群体或家庭中”。一些人倾力去追求安全需要，把很多精力投入工作，最终他们会发现牺牲了与朋友和家人相处的时间去工作，最后所得到的比所失去的要多得多。

（4）尊重需要

满足了归属和爱的需要，人们就会产生对自尊的关注。马斯洛把此类需要分为两种基本的类型：自尊的需要和受到他人尊重的需要。自尊包括获得信心、能力、本领、成就、独立和自由的愿望。来自他人的尊重包括威望、承认、接受、关心、地位、名誉和赏识。当面前层次的需要得到满足后，即拥有了金钱、配偶和朋友，但如果无法满足自尊和被别人尊重的需要，人们就会产生自卑、无助、沮丧的情绪。

（5）自我实现的需要

神话故事里经常演绎着，一个人幸运地得到了神仙的帮助，或者有了一盏神灯，能得到任何他想要的东西。但是，得到财宝、爱情和权力还不能够保证这个人就一定能得到幸福。有了健康和幸福还需要人的自我实现，这种自我实现的需要能够促使自己的潜能得以实现和发展，帮助自己成为所期望的人物，完成与自己的能力相衬的一切。所以马斯洛说，“音乐家必须创作音乐，画家必须作画，诗人就要写诗。如果他最终想达到自我和谐的状态，就必须要成为他能够成为的那个人，必须真实地面对自己”。但是，为达到自我实现的需要每个人所采取的途径和方式不尽相同，它的产生依赖于前面需要的满足的程度。

自我实现的人不是完美的人，但是他们能够接受自己，他们承认自己的弱点，努力去改进它们。由于这种自我接纳，自我实现的人不会因为自己做过的错事而过分担心或者自责。相反，他们接受那部分需要改进的自我，他们尊重自己，对自己感到满意。

马斯洛发现的心理健康的人都拥有的最后一个特征是他所谓的高峰体验。高峰体验是一种超越一切的体验，其中没有任何焦虑，人感受到自我与世界的和谐统一，感受到暂时的力量和惊奇。但是，与人本主义的人格概念相一致，高峰体验在个体之间差异很大。马斯洛将其比喻为“到自己心目中的天堂去旅行”。高峰体验是一种成长体验，人在产生这种体验之后，常常说他们感到更自主，对生活更欣赏，而且很少担忧他们可能会遇到什么问题。并非只有心理健康的人才有这种体验，大多数人都会体验到情绪的成长，并希望考虑高层次的问题。但是自我实现者的高峰体验比普通人出现的次数要多，强度也大。

4. 马斯洛人本主义心理学的软肋

马斯洛的需要层次理论在当今仍然非常流行，但是批评不会因此而避免。对他的理论，最主要的质疑是，理论中很多的概念是很难定义的。到底什么是 “自我实现”？我们怎么才能知道自己的感受是高峰体验，而不只是一个峰值较高的愉快体验？马斯洛的解释无法让众人都满意，大部分严谨的科学心理学研究者不能接受这样模糊的概念，这也是马斯洛理论的一个局限所在。

小 知 识

自我实现的人

与普通人相比，自我实现者对现实具有更有效的洞察力和更适宜的关系。他们绝不幻想，宁愿接受不愉快的现实也不陷入令人赏心悦目的幻想世界。

⊿ 对自己、他人和大自然表现出极大的宽容。他们不因成为自己而自卑，也不因自己或他人的缺陷而震惊、沮丧。

⊿ 自发性、单纯性和自然性。自我实现者比普通人更易在思想、情绪和行为中流露出自发性。他们喜欢交际，而这能使他们单纯和自然。

⊿ 以问题为中心，不太注重自我意识，也不会对自己困惑不解。能够使自己献身于某种任务、事业或使命，而这些任务、事业或使命好像是专门为他们准备的。

⊿ 离群独处的需要。自我实现者喜欢与世隔绝的独处生活，因为这样可以全力专注于自己感兴趣的对象，同时也能沉思。

⊿ 高度的自主性。自我实现者在遭到拒绝和冷落时仍然真实地看待自己，甚至遭到伤害时也能去追求自己的兴趣和目标，保持正直和诚实。

⊿ 对平凡的事物不觉厌烦，对日常的生活永感新鲜。他们“反复地欣赏，带着新奇和天真去体验人生的天伦之乐……如每一次日落，每一朵花，每一个婴儿”。

⊿ 经常性的“高峰体验”。这种体验被称之为“神秘”体验、“海洋”情感，即感到作为一个人而存在的界限突然消失。

⊿社会感情，即对人类的一种归属感。觉得自己已成为整个人类或大自然的一员。他们不仅关心自己的亲属，而且也关心全世界各种文化的人的处境。

⊿仅与少数朋友或所爱的人有亲密的关系。自我实现者有能力同至少一到两个人建立真正亲密、挚爱的关系。

⊿民主的性格结构。自我实现者不以种族地位、宗教或其他群体特征来判断和结交人，而是把对方作为个体的人看待。

⊿强烈的道德感。能够区分善与恶，有高度的道德感，尽管他们的正误观全部属于传统的范畴，但他们的行为同伦理道德意义有密切的关系。

⊿善意的幽默感。自我实现者将普通人的小毛病、自负及蠢事作为笑料，而不是虐待、揭丑或是反抗权威。

⊿有创造性，不墨守成规。自我实现者在他们的某些生活领域具有创造性和独创性，他们不依常规的方法去工作或思考。

⊿对文化适应的抵抗。自我实现者在某种程度上可以把自我同强行灌输和强迫接受的文化分开，能对他们所处社会的矛盾和不公正现象提出批评。

四、以来访者为中心——罗杰斯的理论

罗杰斯说“好的人生是一种过程，而不是一种状态，是一个方向，而不是终点”。他认为人的本性就是要努力保持一种

乐观的感受和对生活的满足。要成为一个自我完善的人，就要面对生活中不断的考虑。

1. 最出色的倾听者

卡尔·罗杰斯于 1902 年出生于伊利诺斯州的橡树园，他是一个害羞但很聪明的孩子，喜欢科学，13 岁时就被誉为当地的生物和农业专家。1919 年他进入威斯康星大学学习农业，但不久就发现农业丝毫没有挑战性，于是他选修了一门心理学课程，但是又觉得很乏味，后来他决定学习宗教。1922 年，他参加了在中国北京召开的 “世界学生基督教联合会”，首次接触到了来自不同宗教和不同文化的人。

1924年，他和妻子海伦离开威斯康星大学，进入纽约联合神学院学习，同时还选修了哥伦比亚大学开设的教育学与心理学的课程。在神学院待了两年后，罗杰斯开始怀疑宗教方法的有效性。于是他选择去哥伦比亚继续学习心理学，1928 年获得该校临床与教育心理学硕士学位，1931 年获得博士学位。他曾在俄亥俄州立大学和芝加哥大学任教，1957 年回到威斯康星大学担任心理学和精神病学教授。

1963 年，罗杰斯在加利福尼亚的拉约拉建立了人类研究中心。他的一位同事回忆说：“罗杰斯看上去貌不惊人，不是一个火花四溅的谈话者，但他总是以真正的兴趣听你谈话。”罗杰斯用他生命中的最后 15 年致力于研究如何解决社会冲突和世界和平的问题。他组织了维也纳和平计划，还主持了在莫斯科召开的和平研讨会，直到 1987 年 2 月 4 日心脏病突发离世。

2. 我是怎样一个人？

罗杰斯从现象学的角度出发，提出了人格的自我理论。认为自我概念形成以后，人们总是力图保持稳定的自我概念。当遇到对自我概念有破坏或威胁的新信息时，即当个体遇到与他内在体验有差距的事件时，就会产生焦虑。比如，在你的自我概念中，可能认为自己是个和善的人，一个好学生，但你可能会听到不一致的评价。例如，你认为自己是一个大家都喜欢的平易近人的人，但是有一天你听到有人说你是一个很冲动难接触的人，你会怎样做？

假如你是一个完善的人，可能会愿意接受这个信息——有人不喜欢你。你会考虑一下这个信息，把它纳入自我概念中，可能会想："自己是个好人，但不是每个人都认为你是完美的。"但不是每个人都可以和你一样来包容对自己不利的信息，多数人不能做到这一点。对他们来说，这一信息会让他们感到焦虑。因为一个信息对你自我概念的中心成分构成了严重的威胁，那么焦虑情绪就会很自然地出现。

为什么人们很难接受那些与自己的自我概念不协调的信息呢？罗杰斯认为，多数人都是在有条件的积极关注环境中长大的。很多父母都只是在孩子们满足了自己的期望和要求的时候，才会表现出关爱的行为；如果父母对孩子的行为不满意时，就可能收回一贯以作为惩罚。这种有条件的积极关注的结果就是，孩子学会了抛弃真实的感情和愿望，而只是接受父母赞许的那一部分自我。慢慢的，孩子开始拒绝承认自己的弱点和错误。最终，孩子变得越来越不了解自己。

作为成年人，我们可能还在继续着这一过程，只是把那些被生活中的重要人物赞许、爱和支持的内容纳入自我概念。其实每个人身上都还有另一部分，它们不会被赞许，有可能被反对。这些内容我们一般是怎么处理？通常可能我们是会尽量去否认或扭曲它们，把它们从自我概念中剔除出去。虽然这样可以获得暂时的平衡，但是同时也失去了与自己真实情感的联系。

自我与自我概念是罗杰斯人格理论的核心，自我由现象场的一部分逐渐分化而成。通俗地讲，是指个人的独特价值观念、知觉以及对事物的态度。罗杰斯认为，个体在与环境的交互作用中逐渐将"自我"与环境分化开，随着年龄的增长和阅历的增加，"自我"日渐趋于稳定和一致。

如果一个孩子学习非常刻苦，一方面增长了知识，另一方面又得到父母和老师的赞许，那么他就可能形成一种积极的自我经验——"我喜欢学习"。这时个人的机体经验和积极的自我经验一致，他就能正确认识和评价自己的行为。如果一个孩子在学习时听音乐，他可能也会产生一种积极的机体经验，但是如果父母对此严厉斥责，那么父母对孩子行为的评价就可能压倒孩子的机体经验——"我不喜欢学习"或者 "我不应该听音乐"。

3. 无条件和有条件的积极关注

根据罗杰斯的观点，当知道自己的弱点和错误可能不被别人接受时，我们需要无条件的积极关注，来接受自己人格的所有方面。在无条件的积极关注中，我们知道无论自己做什么，都会被接受、被爱、被引以为荣。尽管父母并不赞成孩子的某些行为，但是他们应该和孩子多交流，应该一直都爱孩子、接受孩子。在这种条件下，孩子就会觉得不需要去隐藏不好的行为，就能够让他们自由地体验全部自我，自由地把错误和弱点都纳入到自我概念中，真实地表现自己。

看上去好像只有父母才是无条件积极关注的来源，其实生活中很多人都可以成为无条件积极关注源，例如朋友、伴侣等。心理咨询师也可以在心理治疗中贯彻这种无条件积极关注的思想。当一个来访者感觉到自己的各个方面都得到平等对待时，咨询师就传达了一种无条件的积极关注。

4. 没有不被批评的人，罗杰斯不例外

罗杰斯的“以来访者为中心”已经被大多数心理学家甚至教育学家愉快地接受，现代学校中提倡的“以学生为中心”的教学方法也是受到罗杰斯的启示，还有许多企业也在推行“以人为本”的做法，这些都得到了人们的欢迎。

但是罗杰斯的理论同样受到指责。他认为人的本性是善良的，那么社会上的坏事都是什么人做的？罗杰斯的理论过分强调人性好的一面。人在恶劣环境和有条件关注下成长，很容易变坏，但是在有爱和自由的环境中长大的孩子，也可能会变成一个自私、无法适应环境的人，这用无条件积极关注的理论似乎说不通。反之，一个在严格约束条件下成长的孩子，也可能会成为一个适应性强的人，这也无法用罗杰斯的理论来解释。

五、与人本主义有关的有趣研究

1. 自我表露

也许你曾经有过这样的经历，在旅途中有一个同座，他看上去是个很有亲和力的人，于是你们开始交谈以消遣旅途中的时间。谈话可能从当前一个很流行的新闻开始，比如说春运、

禽流感，不一会儿你们就可能谈到要注意家人的健康，他说到他和父母关系，你也开始讲这个方面类似的经历。经过一段时间彼此礼貌的交流后，你可能把最近一些不开心的事情告诉他，而他也可能用自己的经验来给你提出一些建议。当旅途结束时，你们虽然各奔东西，但你可能感觉这个人很不错，甚至还有点像自己。

大部分人肯定都有过类似这样的经历，最初涉及的只是相对非个人的话题，逐渐的就转向了比较私人的信息，而且谈话并不是单一方面的。你们轮流分享各自的信息，即便在分手之后，还是能够进入一种愉快的心境，可能让你随后的一整天都有好的心情。

根据自我表露的理论和研究，当两人分享了私人信息后，那时感觉是很特别的。当人们把有关自己的秘密展示给另一个人时，他们就在进行“自我表露”。表露的人要考虑信息的隐私程度，选择谁作为表露的对象也是经过考虑的。理解自我表露的过程和作用有助于把握许多重要的心理问题。比如，当你第一次遇见可能今后成为朋友的人时，你应该如何谈论自己？在心理咨询期间，来访者和咨询师如何处理隐私的信息比较合适？你应该保留你个人的秘密还是应该把它讲给某个人听？下面的一些发现可能会给你一些帮助。

（1）透明的自我

罗杰斯提出，在一个值得信任的关系背景中把自己公开地表露给另一个人是逐渐理解自我的重要一步；并且本人会因此变得更富有成效。另一个人本主义心理学家西尼·朱拉德认为，自我表露是一个健康人格的标志。同时他也把自我表露看作是改善个人适应的主要方式。正是因为一个人在治疗情境中或治疗情境外进行了自我表露，他可以回到自我提高的轨道上。因此，把自己变成一个适应良好、富有成效的人的最终方式是使自己“透明”——允许别人理解自己。许多人花很多时间和精力来避免表露自己，以免尴尬或不受尊敬，或不被周围的人喜爱。而朱拉德认为，只有通过自我表露，我们才能逐步认识真实的自己。

（2）表露互惠原则

朱拉德发现人与人之间自我表露的一项规则，他称之为“一对一效应”。他观察到，当一个人在交谈中展示自己的私人信息时，另一个人几乎都会回报。后来的研究者把这一点冠名为“表露互惠原则”。在一项实验中，大学本科生随机地与同性别、不认识的学生配对，请学生们轮流、自愿提供自己的信息互相认识。给他们列出一张单子，单子上有72个可讨论的话题。话题预先按隐私的程度排列，从普通的事到极其隐秘的秘密，然后用扔硬币的方法决定谁先开始说话。赢者先用一分钟的时间选择讲其中的一个话题，对方接着用一分钟的时间讲剩余的任一个话题。以此类推，直到两人都讲了12个不同的话题为止。结果发现，当双方的交往不断深入的时候，他们开始大量地选择私人性很强的内容，而且双方都倾向于把自己的话题把握在与对方的隐私程度相当的水平上。

我们为什么要互相交换地表露私人秘密呢？朱拉德认为，自我表露来自人际间的吸引和信任感。当他人把自己的信息展示给我们的时候，我们会被他们所吸引，并形成一定的信任感。作为一种响应我们也把自己的私人信息展示给对方，这样就产生了互惠效应。还有一些研究发现：我们一般把自己的信息表露给那些自己喜欢的人，而且我们也比较喜欢那些愿意自己表露的人。

（3）自我表露的男性和女性

许多调查研究都发现女性比男性更倾向于深层地、向更多的人表露。根据朱拉德的观点，男性成长时，发现像女性那样自我表达和表露不太舒服。他们害怕如果表达过多的真实感情会被讥笑和拒绝。一般人认为女性表露内心是一种较好的适应，而如果男性过多表露则被看作是不太成熟的标志。当然还有一些例外，就是如果女性论及父母自杀或者她们的性态度时，高表露的女性比低表露的女性更被人喜欢，而表露个人进取心的女性则不太容易被人接受。

研究指出只有在适合自己的社会性角色范围内表露时，男性和女性才被认为是适应良好并最容易被喜欢。对于男性来说，这通常意味着保留信息；对于女性来说，则意味着开放和表露，但只限于是有关社会认为适合女性探讨的话题上。

（4）自我表露和个人适应

多大程度的自我表露是理想的？对任何人都开放和真诚的人是否是适应最好？在完美的世界里，我们或许可以像朱拉德所说的那样尽情表露的生活。但是如果你总是确切地告诉别人你正在想什么，坦率地叙述自己的情感问题，可能会导致他们因为担心听到本不想听到的而害怕与你交往。因此研究者认为适应最好的人可能是那些表露弹性高的人，这些人知道什么时候论及自己，什么时候要调整表露水平。

（5）表露创伤性经历

多项关于表露创伤性经历的研究发现，主动抑制对创伤性经历的想法和感受需要大量的生理工作。随着时间发展它会导致身体压力增加，可能会导致生病或者其他与压力有关问题的产生，那些倾向于隐藏消极信息的人更可能遭受抑郁和焦虑的威胁。说出或写出创伤性事件对攻克创伤来说是重要的一步。

自我表露能帮助人们更好地了解自己，是心理治疗过程中关键的部分。

2. 自尊

罗杰斯主义心理治疗师的中心目的就是要让来访者接受并欣赏客观的自己。马斯洛在其著作中论述了自尊的需要，还论述了关于“我们是谁”和“我们对自己的生命能做什么”的问题。他指出，人有寻求满意感受的需要，这些是通往幸福和满意的途径。总之，人本主义人格理论是关于个体自尊的理论。

研究者发现自尊与自我评价有稳定的关系，一些人比另一些人更倾向于积极的评价自己。他们偶尔也会沮丧并对自己失望，但通常会喜欢自己并对他们是谁和做了什么感觉良好，这些人在自尊的测量中往往会得高分。

在我们大部分生活中尽管很多人不喜欢被评价，或者去评价别人，但评价已经成为了不可避免的部分。进入学校，学生就要习惯老师评价自己的作业。进入职业生涯，上司对下属的评价更是家常便饭，有时是公开化的开会总结，有些则以一种暗示或者旁敲侧击的方法来表达。在任何形式的竞争中，当我们把自己的能力和成绩与他人比较时，都会带来胜利与失败的区分。所有这些评价意味着我们每一个人都得到了我们的那一份成功与失败。但是，每个人对这些评价的反应可能是不同的。研究指出，影响人们做出怎样的反应的一个因素就是人的自尊水平。

（1）自尊与对失败的反应

相当多的研究都表明，低自尊的人收到消极反馈时，会变得泄气并失去前进的动力。那么高自尊的人是如何在失败后防止自己泄气的呢？近来一些研究显示，高自尊者发展了一种个人策略来减弱消极反馈的影响。他们对失败的反应集中在注意到自己具有的好的品质上，而不是集中在所失败的事情上。在运用这样一个策略时，高自尊者即使面临消极反馈时，也能维持较高的自我价值感。如果告诉高自尊者他们在某一个领域内没有做好时，他们会提醒自己在另一领域里做得很好。这一策略使得高自尊者即使在面临生活中不可避免的下坡路时也能保持良好的自我感觉。

（2）自我提高和自我保护动机

高自尊者和低自尊者的行为可能是被不同的关注焦点所激励的。一些研究提出，高自尊者的行为动机来自于对自我提高的关注。高自尊者喜欢做那些提高自己的尊严和公众形象的事情。他们希望别人认为他们很好，很钦佩他们，并能获得赞许。当然低自尊者也希望得到这样的敬佩，不过许多研究表明，低自尊者不像高自尊者那样喜欢抓住机会表现自己，因为低自尊者的行为动机似乎来自于对自我保护的关注。他们更关注不要在公众中丢脸或者受窘，他们一般会选择自我保护而不要别人的看重。

小测验

你的自我表露程度有多高？

下面这些问题可以帮助你知道自己在消极情况下自我表露程度有多高。题目使用5点计分。

1——表示非常不同意

2——表示比较不同意

3——表示介于同意和不同意之间

4——表示比较同意

5——表示非常同意

1. 自己有一个没有告诉人的秘密

2. 如果我和朋友分享所有的秘密，他们会不喜欢我

3. 我的很多事情只有我知道

4. 我的一些秘密确实很折磨我

5. 当发生糟糕的事情时，我不太喜欢告诉别人

6. 我经常会害怕自己泄漏了不想泄漏的事情

7. 说出一个秘密经常产生事与愿违的效果，我真希望自己没有说过

8. 我有一个很私人的秘密，任何人问我，我都会撒谎

9. 我的秘密和尴尬不能和人分享

10. 我自己的消极想法从不告诉别人

把所有题目得分加起来。成年人样本的平均分是25.92分，标准差是7.30。如果你的得分越低，自我表露的程度就越高，反之，则越低。

第七章 认知主义人格理论

一千个观众眼中，就会有一千个哈姆雷特的形象。当看到一个“杯子”时，有的人会觉得它“好看”，有的人觉得“中用”，还有人觉得“好看不中用”。对于相同的一个杯子，为什么不同的人会产生截然不同的看法呢?

一、人格千差万别——源于不同的信息加工方式

按照认知理论，个体的人格差异是由人们信息加工方式的不同而导致的。每个人都有自己处理信息的模式，由于观察的角度不一样，所以会产生不同的反应。对客观事物的认识如此，对社会或对人的认识更是如此。

认知理论强调认知过程与行为的作用是同等重要的，强调心理过程在对感觉和知觉印象组织

时的重要性。与人本主义理论类似，认知理论也强调个体在人格形成中的主动参与，而且这种参与能起到决定性作用，人们会主动选择适应自己的环境发展，而不是被动地做出反应。

虽然大家同处这个世界，但是我眼中的世界与你眼中的世界肯定是不一样的。知识是人们在自己的生活经历中主动建构起来的，面对同样的事物人们看到的是不同的方面，从而建构起自己不同的理解和含义。从这种角度上讲，知识是主观的。由大量知识组成一个知识结构系统，这一系统构成了我们的观念和信念的基础。

总之，用认知的观点来解释人格差异，认知主义所强调的主要是人们在认识世界和改造世界的过程中所形成的思想、信念、价值观以及世界观等建构人格大厦基石的内容。

二、人格认知理论的灯塔——乔治·凯利的个体建构理论

作为人格认知理论的早期代表，凯利从临床心理学经验中获得启示：只要使患者本人对自己和自身问题的看法有所改变，就能够使患者的病情有所好转。凯利认为人们对客观世界的认识以及个人的经验、思想观念是影响人格形成、发展甚至导致变态的主要因素，在此基础上，他提出了人格的建构理论。该理论的主要观点在于：建构是为了预测未来，构念必须适合客观现实。

1. 挑战无处不在——凯利的生平

乔治·亚历山大·凯利（George Alexander Kelly）1905年出生在堪萨斯州威奇托附近的一个农庄。1926年毕业于密苏里州的帕克学院，之后进入威奇托的弗伦兹大学学习了3年。在这3年中，他是校际辩论小组的活跃分子，并练就了向不同观点和世俗观念发起挑战的高超能力。尽管这些技巧最终成为他的人生财富之一，但它们也使得凯利远离心理学多年。

凯利用“枯燥和毫无说服力”来形容他上的第一节心理学课。教师花费大量时间讨论学习理论，但是凯利并没有被打动。“我对它的理解就是：刺激是你必须有的东西，这样你才会有后面的反应，而反应之所以会放在这儿，是因为只有这样刺激才有存在的必要。我根本就没有发现那个箭头放在那儿有什么用。”他第一次读到弗洛伊德的著作时，也持怀疑态度。“我记不得当时我努力要读完的是弗洛伊德的哪一本书了，”他回忆到，“但是我记得当时那种越来越怀疑的感觉——任何人都可以写出那些废话，只不过没有出版而已。”

当他获得物理学和数学学位后，凯利到堪萨斯大学学习教育社会学。1929年，到爱丁堡大学学习教育学。在那里，他对心理学的兴趣逐渐浓厚起来，几年后在依阿华大学获心理学博士学位。随后10年，凯利是在堪萨斯州立大学度过的。在这些年间，他建立了一套心理治疗体系，为穷人和那些30年代经济大萧条时期的受害者提供心理服务。他回忆说，“我倾听那些人的烦恼，帮助他们发现他们能为自己做些什么”。不久他就发现这些人最需要的是对周围事件的解释及对他们自己将来还会发生什么事情的预测。人的建构理论就是从这种思考中建立起来的。二战期间凯利曾在海军服役，之后他在马里兰大学工作了1年，又在俄亥俄州立大学工作了20年。1965年他到布兰迪斯大学，两年后在那里逝世。

凯利认为所有人都像科学家一样着眼于未来，现存的东西只不过是用来检验理论对未来的预测能力。“人并不只是为预见而预见，而是为了更好地说明和呈现未来而预见。现实常常捉弄人，令人着急和焦虑的东西不是过去，而是未来。现在只是个体透视未来的一个窗口。”

2. “人格大厦”的基石——个人构念

个人构念是人格建构理论的核心，它是人们在生活中通过对环境中的人、事、物的认识、期望、评价、思维所形成的观念。例如，一个人可以具有这样的构念：“大学生都是激进的”、“蛇都是危险的”，也可以这样构念，“学生们的思想很单纯”、“蛇很可爱，弯曲的身体永远都像是在跳舞”。构念就像是一种信仰或是一种态度，构念也可以设想为一种研究假设，通过经验检测来验证这种假设是否正确。由于每个人的生活经验不同，因此人和人之间的构念也千差万别，不同的构念代表了不同的人格特征。

以父母体罚孩子为例，对父母而言，体罚可以矫正孩子的偏差行为，有益于孩子成长；对孩子而言，只好无奈接受父母的体罚，它是这个世界中必须忍受的一种不幸；对社会工作者而言，父母体罚孩子是对孩子的虐待；对传教士而言，父母体罚孩子是神对罪恶世界审判的延伸。很显然，每个人都会根据自己的情境和身份对同一段时间内的内容建构起不同的构念，而且对相同情境中不同的人也会有不同的构念。从这种意义上讲，构念始终是个性的、独特的。

根据凯利的理论，个人构念有两极，换句话说，我们把有关的事物在我们的构念中以“不是……就是……”的形式加以区分。但一极并不必然是另一极的逻辑对立面。可能使用如友好——不友好，高——矮，聪明——愚笨等个体构念来建立我们对不熟悉的事物的新形象。当我们用了这些构念以后，我们可能会认定一个人是友好的、高大的、聪明的。但这并不意味着我们会一直走到两极，忽视中间地带，也不代表我们眼中的世界只有黑白二色，没有中间的灰色。事实上，当我们用了最初的黑——白构念以后，我们还会用其他的两极构念决定黑色与白色以外的部分。

例如，如果我们对某一个自己不太熟悉的人认定他是聪明的话，那么我们随后也许会用学术性智慧——常识性智慧来继续构念对他的印象，得到关于这个人更清晰的图画。人们的每个构念都有一个范围，它限制着每一标准的使用。例如，聪明——愚笨这一构念对人来说是有用的，若用它来描述一张桌子，就超出了它的可用范围。

凯利对多种不同的构念作了区分。核心构念是一个人的机能中最基本的，而边缘构念则不那么重要。同一个构念对甲来说是核心构念，而对乙而言则可能是边缘构念。

一个人的种种构念组织成一个构念系统。他可能有一个非常复杂的或非常简单的构念系统。复杂的构念系统涉及许多相互联系的构念，以多水平方式组织在一起。相反，一个简单的构念系统只有很少几个互不相连的构念，而且一般只有一两个组织水平。一个复杂的构念系统可提供对世界知觉更大的区分性和更细致的预测。一个简单的构念系统意味着把所有的人和所有的事都置于某些类别里，诸如好——坏，成功——不成功，而在预测的时候也不会管当时的环境是什么样子的。

如何用个人构念来解释人格差异呢？凯利认为，行为的差异大多源于人们建构世界的方式不同。个体要获得一种与现实十分一致的构念系统，需要经历大量尝试错误的过程。凯利的全部理论根植于这样的一个基本假设，即个体的信息加工过程是被他对事情的预期所引导的。人格的构念理论不仅指出了导致人格差异的认知原因，而且特别强调稳定的构念系统（人格）对未来事件感知和预测（认知）的作用。

3. 固定角色疗法

凯利认为，只要人们证实个人构念在对预测未来事件和控制当前环境上存在困难，那么他的心理困扰就会存在。当一个人难以驾驭自己的烦恼时，就需要诸如心理治疗之类的外在帮助了。

作为矫正患者构念的一门技术，固定角色疗法的目的是通过扮演预先设定的角色帮助患者改变他们的人生观（个人构念）。这种角色扮演首先在安全的治疗环境中进行，然后迁移到治疗以外的环境中，在此患者扮演这个角色要持续几周。患者与治疗师一起设计一个角色，包括这个角色的态度和行为，它们是患者核心角色所没有的部分。然后，将这个新角色像科学家验证假设一样谨慎而客观地放在日常生活中去检验。固定角色疗法不以解决具体问题或修复陈旧的构念为目标，它是一个创造性的过程，允许患者逐步发现自身某些隐藏的方面。

4. 冰山的一角——人格建构理论的软肋

凯利关于人的行为与其当下的认知相一致的观点，有助于将人类行为知识组织起来，但他对动机、发展、文化的力量等避而不谈，使他的理论对于人格复杂性问题难以给出更为详细和精确的解释；凯利关心心理治疗的观点很有创意，也为实践者介绍了几个很有意思的技术，但是，凯利的理论并未给父母、治疗师、研究者和那些想理解人类行为的人提供多少具体的建议。

小测验

测测你的人格构念

下面是凯利的角色构念库测验的简版，是一种最少情境的形式。你需要几分钟就可以完成这个测验，之后可以了解你是如何组织来自你认识的或是遇到的人的信息。当你完成这个测验后你也许想把自己的构念与别人比较一下，你会发现一些与你自己类似的构念，也会发现许多你从未想过的构念。这些构念方面的不同正好反映了我们在人格方面的不同，这种不同还会转化为生活中我们的行为差异。现在开始，请先写出符合下面要求的 12 个人的名字。有的人可能适合填到好几类中，但这个表中需要列出的是 12 个不同的人。请仔细想一下。

（　　）1. 你喜欢的一个老师

（　　）2. 你不喜欢的一个老师

（　　）3. 你的妻子（丈夫）或男朋友（女朋友）

（　　）4. 一位你认为很难与之相处的员工、主管或上司

（　　）5. 你喜欢的一位员工、主管或上司

（　　）6. 你的母亲

（　　）7. 你的父亲

（　　）8. 与你年龄最接近的哥哥弟弟（或是像哥哥或弟弟那样的人）

（　　）9. 与你年龄最接近的姐姐妹妹（或是像姐姐或妹妹那样的人）

（　　）10. 一个与你一起工作并且容易与之相处的人

（　　）11. 一个与你一起工作但你很难了解的人

（　　）12. 一个相处很好的邻居

现在，请一次从中拿出三个人的名字，按照下面的提示，描述一下在哪个方面其中的两个人相似而第三个与他们不同。请把你对两个相似的人的描述写在下面的“构念”一栏，对第三个人的描述写在“对比”一栏。

用到的名字	构念	对比
3、6、7		
1、4、10		
4、7、8		
1、6、9		
4、5、8		
2、11、12		
8、9、10		
2、3、5		
5、7、11		
1、10、12		

三、米歇尔的认知——情感人格系统

认知理论的另一突出代表是当代美国心理学家沃尔特·米歇尔。这位特质论的批评者从认知心理学和社会学习理论中借鉴了许多观点，提出了一种新的人格理论构想——“认知——情感人格系统”。这种理论主要强调三个方面：

● 情境的具体性。人的行为被看作具有高度的可变性和情境的具体性，即个人行为在不同情境中表现出的可变性及稳定性。一个人的行为表现出明显不一致既不能归因于随机误差，也不能只归因于情境。相反，他们可能是潜在的预测性行为，因为它们反映了个体内部稳定的变化模式。认知——情感人格系统能够预测一个人的行为从一种情境到另一种情境的变化，而且是以一种有意义的方式预测。

● 强调人类认知技能的鉴别力。人们一般都能识别与不同情境有关的奖励和需要，并以此调整自己的行为。

● 强调人格适应的自我调节方面。米歇尔对人们如何在不同情境中改变自己的行为感兴趣，即人们是怎样改变自己来满足某个特定情境需要的。

1. 弗洛伊德的邻居——米歇尔略传

1930年2月22日，沃尔特·米歇尔（Walter Mischel）出生于维也纳一个中上阶层家庭，他是父母的第二个儿子。他和后来成为科学哲学家的哥哥思铎在一个愉快的环境中长大，他们家与弗洛伊德的家距离很近，从小就受到弗洛伊德的影响。他说这段童年期的经历对自己的影响是：“初读心理学时，弗洛伊德的学说最为吸引我。当我就读于纽约市立学院时，觉得精神分析理论对人似乎有一套最完备的看法。但是当我把那些想法应用到纽约下层社区的‘少年犯罪’时，兴奋之情却遭破坏。努力要给那些年轻人所谓的‘领悟’，对他们、对我都没有很多帮助。弗洛伊德的观念和我的所见并不相符，于是我开始寻求更有用的观念。”

1938年纳粹入侵奥地利，打破了他们平静的童年生活。就在那一年，弗洛伊德离开了维也纳，米歇尔家也逃出了奥地利，来到了美国。在美国他们住过许多地方，1940年最后定居在布鲁克林。米歇尔在那里完成了中小学教育。在他还未能获得大学奖学金时，父亲突然生病，他不得不去打临时工。最终考入了纽约大学，在那里对艺术产生了强烈的兴趣，艺术、心理学和格林尼治村的生活占据了他的时光。在大学，以白鼠研究为主题诠释心理学的导论课让米歇尔感到惊骇，因为在他看来这些似乎离人的日常生活太远了。在大量阅读了弗洛伊德、存在主义思想家和诗人的作品以后他的人本主义倾向似乎更坚定了。在攻读学位的同时，他作为一名社会工作者受雇参加纽约东区贫民窟的工作，这个工作使他对精神分析的有用性产生了怀疑，他认为有必要利用经验证据来评价所有的心理学主张。

1953年到1956年，米歇尔在俄亥俄州立大学攻读博士学位，这个经历进一步强化了他作为一名认知社会心理学家的发展倾向。那时朱利安·罗特和乔治·凯利这两个最有影响的教授在该大学的心理学系任职，由于他们两人各有一些支持者，所以学校的心理学系就分成了两派。绝大多数同学不是强烈支持罗特，就是凯利的拥戴者。与他们不同，米歇尔对两人都很敬佩并向他们每个人学习。结果，米歇尔的认知社会学习理论既显示出罗特社会学习理论的印迹，也有凯利个人建构的认知基础。罗特使米歇尔懂得了改进评估技术和测量治疗效果的研究设计的重要性；凯利让他明白了参与心理实验的被试就像心理学家一样，也在思考和研究着重方式。

2. 认知——情感单元

编码方式

指人们把自我、他人、事件和情境加以归类。每个人都有自己独特的构念和编码策略，在这里，他强调的是人们解释和处理与自己、他人、周围环境及相关信息的方式。很显然，他对个人构念的强调与凯利的观点有关，而对编码策略的强调则与认知心理学的信息加工有直接联系。例如，每当小王接触一个人，他总是试图判断这个人的富有程度，这是他对信息的编码方式。

预期和信念

指对在某种特定的情境中将要发生什么进行预测，对某种行为会带来什么后果进行预测，对某人的个人效能进行预测。正如罗特所说，要成功预测个体在特定情境中的行为，就必须考虑他对在该情境中可能出现的行为后果的具体预期。通常说，人们会形成"如果……那么……"的后果预期，以此来引导某种情境中的行为选择。与罗特一样，米歇尔也认为，当对情境预期不同时，行为会有很大的不同："如果一个幼儿对老师的'依赖'经常受到奖赏，而对同伴的'依赖'没有受到奖赏，那么考察这两种情境下的'依赖'就会得到不同的结论。"

价值与目标

指个人期望或厌恶的结果和情感状态，以及对目标和生活的规划。它表明人们对不同后果赋予不同的价值，并有为这种价值做出目标导向的行为的能力。例如，小张想成为大学班级里的班长，因为他认为当班长很有价值，因此他会采取一贯手段来达到这个目标。

情感

该单元是指人的一些感受、情绪及情绪反应，其中包括生理反应。同一个人对待不同情境时的情感反应不同，不同的人对待相同的情境时情绪情感反应也不相同，这种反应的差异反映了人格的差异。

能力和自我调整系统

人们拥有的信息各不相同，而信息的具体方式和表达技巧也不相同。米歇尔认为，认知和行为能力与潜在成就有关系，而不是与实际成就有关系。因此，我们应该注重一个人能做什么而不是一个人通常做了什么。该系统主要强调那些复杂、长期的目标在没有外部支持的情况下是怎样形成的，以及这种目标是怎样长期保持不变的。它所强调的是个体形成和执行长期计划的能力、确定标准并维护标准的能力以及抵制诱惑并在遇到挫折时仍坚持不懈的能力。

3. 认知——情感单元怎么解释人格？

怎样用这些来解释人们之间的行为差异呢？答案就在于每个人都有一套独特的心理表象，这导致了我们会有不同的行为模式，甚至当我们处于相同的情境中时，行为表现也很可能不同。更为重要的是，研究者认为在认知——情感单元存在着个体差异，而我们从记忆中获取特定信息的难易程度也存在差异。

因此，解释情境的方式或自己将要做出什么反应就依赖于我们自己的认知类别。一棵圣诞树可以让一个人想起他的宗教信仰，也可以让另一个人回忆起家庭和假期的欢乐，还可以让第三个人想起童年悲伤的记忆。

4. 不同的声音——对米歇尔的批评

米歇尔强调了五种认知——情感单元的重要性，这些变量看来似乎都很重要，但是如何能把它们一致地、有组织地整合起来，则没有介绍清楚。该理论最常受到的批评就是，相对于实验研究来说，理论中的许多概念都含糊不清。

如果我们仅有一些含混的概念，又如何能去证实它们对行为确实有影响呢？与人格理论家的某些结构相比，认知的不确定性很令人费解。再用这些含混的概念去说明行为中的个体差异更显得多余。所以根据简捷的原则，人格认知理论家有责任使用更简洁的语言和方法来阐述他们对人格的认识。

小知识

独立或从众？

1955年心理学家阿西设计了一个实验，在教室的黑板上放了两张大纸板，左边的纸板上画了一条10英寸长的粗线作为标准线，右边纸板上画着三条长短不同的直线，第一条8英寸，第二条10英寸，第三条是7.5英寸。阿西先把7名学生编在一组，让学生说出右边纸板上的哪条线与左边的标准线等长。一般人看了图之后，会认为结果是显而易见的，第二条线与标准线等长。

但是每7个学生中，只有编号是7的人才是真正接受试验的人，其余的都是试验者的助手。这些助手都给出了错误的答案，这时候轮到7号学生回答，他所面临的就是是否能相信自己的判断，还是和大家一样做出错误的回答。结果发现，在123名被试学生中，有25%的学生接受了众人错误的判断。试验之后他们说，由于害怕与大家不同，即使认为自己没有判断失误，也会在口头上接受大家的看法。有些人甚至怀疑自己的判断，在他们的眼里，大多数人的看法是不会错误的。只有25%的人能够真正坚持自己的判断。

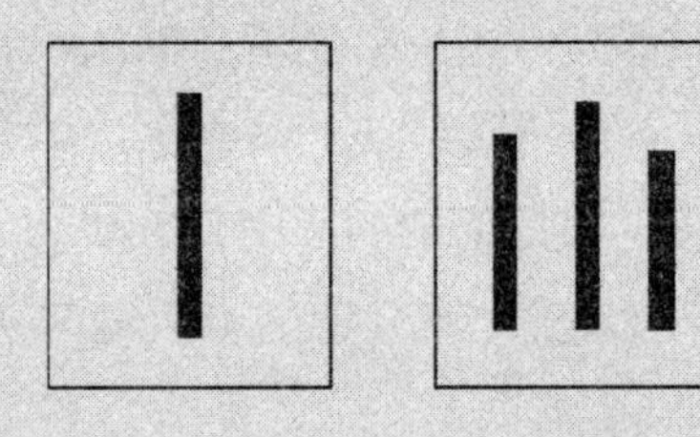

从上面的试验中，可以得出人格的两种类型——独立型和从众型。独立型的人格表现为与众不同，喜欢标新立异，积极探索世界，敢于提出异议，不害怕团体的压力，喜欢独立思考问题，而且对问题的思考不仅仅限于接受别人现成的结论。独立型人格反映了一个人有较高的创造能力，对问题解决有自己的见解和独创性。而从众型人格则表现出屈从团体压力，害怕变异，唯恐与他人有差别，即使自己有一些独创的思想也会被社会的压力所湮没。这种人不善于自助，遇到问题会采取退缩的态度，行为上规规矩矩，容易模仿和追随他人，一般不会有偏离行为发生。

四、与认知主义人格理论相关的研究

1. 原型

如果让你想象一个模特、一个科学家或一个运动员，你可能会在脑海中马上浮现出这三种人的形象。如果问你最要好的朋友是不是一个模特、科学家或运动员，你可能将他与脑海中浮现的形象进行比较，两者越相似，你认为自己朋友是模特、科学家或运动员的可能性就越大。

（1）什么是原型

所谓原型就是某个事物在个人心目中的典型形象。用原型考察人格基本框架的方法源自早期认知心理学家罗施。他研究发现，在判断一个物体是否属于某一个范围时，人们通常使用原型来判定。若一个物体与个人心中的原型越相似，就越有可能被归为同一类。例如一说起水果这个词，你可能会想出一个自己认为的水果的样子作为原型，如“苹果或橘子”。但当有人说南瓜是水果时，你也许会十分惊讶。因为它与苹果或橘子根本就不一样，它们似乎最不能归于同一类。但可能在那个人的眼中，南瓜和他脑子里的水果的样子是相似的，所以就可以归为一类。

（2）原型有什么作用

原型除了可以区分事物，还可以区分人。一个人的原型并非描述某一特定的人，而是一个有许多固定特征的混合体，是代表某一类人的缩影。例如你用迈克尔·乔丹作为“篮球运动员”的原型，那么当你说某人不像一个篮球运动员时，你的意思其实是这个人不像乔丹。

既然人们可以用原型来区别事物及人，那么，我们又怎样用原型来理解人格呢？通常我们以自己感兴趣的内容构成独特的原型，而这些感知方式的差异又导致我们行为和认识上的差异。我们有不同的原型，用不同的类属关系去区分信息，因而我们对同一个人会有不同的看法，并以不同的方式和不同的人交往。由于原型是一个相对稳定的认知结构，在此基础上的个体行为差异也是相对稳定的。

举例子来说，一个叫张三的高中生，留着长长的、乱蓬蓬的头发，上课时总坐在后面，对老师的讲课毫无兴趣。英语老师认为他是一个挑拨是非的家伙，一个潜在制造混乱的学生。这是因为英语老师在多年的教学生涯中形成了一个关于“惹是生非”学生的原型，而张三与这一原型刚好有相近之处。接下来就可想而知了，英语老师与张三之间越来越对立，张三的英语成绩也越来越糟糕。但是，张三的历史老师却发现张三与她的“孤僻学生”的原型相对应，是个需要关心和鼓励的孩子。于是，她尽可能地与张三交谈，并对他任何试图学习的信号给予积极的反馈。她看到了张三隐藏在孤僻天性下的能力。对张三来说，他的两个老师行为上的差异可归于某种特质，英语老师是个“很坏”的老师，历史老师则是一个可亲可近的“好人”。从特质理论来看，这两个老师的行为符合这些特质的描述；但从认知角度讲，老师的行为差异是由于他们的原型和认知分类不同。

（3）原型的两面性

原型的运用有利有弊。米歇尔认为“分类的好处就在于它允许思考和防止我们被信息的洪流所淹没；不利之处在于它以定型化或一种狭窄的类型去看待他人，而不是根据每个人的独特之处来对待”。

当原型运用得当时，我们会理智而有效地与人交往。但是，我们哪有时间去事先做充分思考，而不带着预设的眼光去考察每个人及解释他们的行为呢？显然，我们有时候是以这个人的类别而不是他的实际行为做出反应的。或许也正是因为这样，我们的认识活动才会变得变幻莫测和扑朔迷离。

2. 性别差异

人格心理学家是无法忽视性别的，即使他们想忽视也忽视不了。人格研究者在解释一些稳定的行为模式时，通常都会涉及一些变量，不可避免地性别总是位居这些变量之首。显然，对人格的完全理解需要我们回答为什么男性和女性会在如此之多的领域中表现出不同。对此问题的答案之一来自于认知观点。具体来说，男女两性在行为上的差异，可能反映了二者截然不同的信息加工风格。

（1）四种性别类型

传统观点认为，人们或者是男性，或者是女性，而不可能同时拥有两种性别。而研究者们认为，男性和女性可以看作两个相互独立的人格维度，人们可以被划分成双性、男性、女性和性别未分化等类型，我们可以通过性别图式理论来解释这四种性别类型的人们为什么会有如此不同的行为表现。

按照这一理论，那些具有明显的男性化和明显女性化特征的人是性别定型了的。也就是说，这些人是根据性别来认知、评价和组织信息。性别定型的人更可能注意一个新来的小伙子是否具有男人味、一件女式衬衫是否有女人味等等。性别定型的人们更可能把某种型号的汽车看作是男性化的，他们也更可能去问一件玩具是否适合一个小女孩玩。

总而言之，这些人有一种稳定的性别图式。相反，典型的双性化的人和性别未分化的人则不会按照与性别有关的线索进行信息加工。他们只是偶尔把人或物分成男性的或女性的，但他们并不认为这是一种对信息进行分类的有效方法。因为性别定型的人们倾向于用男性化——女性化的术语来看待这个世界，所以他们的行为通常都会受到与性别相关的一些信息的影响。

（2）男性和女性谁的记忆力好?

我们可以通过一个研究两性记忆的事例来加深对性别差异的理解。在日常生活中，你曾经产生过这样的疑问吗，男人的记忆力好还是女人的记忆力好?

心理学家们通过研究发现，男女两性在记忆和回忆信息的一般能力上没有什么差别。但是在记忆内容上存在较大差异。

来看这样一项研究，该研究要求男性和女性回忆各种类型的信息。首先给他们三分钟的时间，让他们从自己近三年的生活中尽可能多地回忆各种积极的和消极的事件，并把它们列出来。随后，让他们从自己一年以来的另外一些生活事件中回忆一些情绪事件，再让他们从近一周以来随即选出的一个小时的时间间隔中回忆一些情绪事件。另外，还让他们在限定的时间内回忆美国历史上发生的事件。

结果显示，女性回忆起的私人事件明显比男性多，无论是消极事件还是积极事件都是如此；另一方面，男性在回忆类似美国历史这样的非私人事件上做得更好。简言之，女性能够更好地记住和朋友在一起的那些幸福时光以及自己尴尬的时候，而男性则能够更好地记起他们在学校里学到的以及从书本上读来的内容。对于男女两性在内容上存在的这种差异，心理学家从人们对自身信息的加工方式这一角度做了解释。具体来说，男性和女性在对记忆内容的组织方式上存在两点差异。

（1）在自身相关信息与情绪二者之间的联系强度上，男女存在差异。

女性比男性更容易注意和加工与情绪有关的信息。女性从早年开始就学会了关注自己和别人的情绪，因此，女性比男性更同意从情绪的角度对与自身有关的信息进行编码。如果女性是围绕情绪来组织她们的记忆，那么，她们能够更好地回忆积极和消极的情绪经历就不足为怪了。

与男性相比，女性更容易回忆起那些愉快的和悲伤的经历，她们各种情绪性记忆彼此之间的认知联结相当紧密。对女性来说，记起一件伤心事很可能就会触发另一件伤心的记忆，而对男性来说可能并非如此。

（2）在自身相关信息与对人际关系信息的记忆联系强度上，男女两性存在差异。

一些心理学家认为，社会对待男性和女性的方式使他们形成了不同的自我认知表征。一方面，男性形成了一种独立性自我建构。也就是说，男性的自我概念与其他人的认知表征没有太大关系；而女性在社会中更倾向于形成一种依存性自我建构。

女性的自我概念与他人的认知表征密切相关，也与她们对关系的认知密切相关。特别值得指出的是，与朋友和爱人的关系是女性如何看待自己的一个重要成分。这并不仅仅是说女性比男性更喜欢与他人建立亲密关系，更确切地说，女性更可能根据她与别人的关系来界定她自己。

从这个角度出发，女性之所以比男性更容易回忆起某些经历，或许是因为这些经历中可能包含了其他人。由于这种依存性自我建构，她们在回忆一些包含人际关系的信息时就要比男性容易。

小 知 识

男女择偶时的性别差异

生活中谈恋爱或者是寻找生活伴侣，每个人都有自己的一套要求。如一些女性要求男性最好是“白马王子”，而一些男性要求女性最好是“上得厅堂，下得厨房”。科学家们对于男女择偶提出了他们的看法和认识。

根据达尔文的进化理论，由于早期生存压力的影响，男性和女性就已经提出不同的择偶偏好和标准。这种理论基本上是围绕着男女之间两个方面的差异而来的。一个是亲代投资理论。这个理论认为，相比较于男性，女性对子孙有更大的亲代投资，因为，女性的基因传给了更少的子孙。在男女生育期都有限的前提下，女性的生育期要比男性更受到年龄范围的限制。因此，女性在择偶上比男性有更强的偏好的看法。男性强调未来配偶的生殖能力（比如年轻），女性则更强调男性提供资源和保护的潜能，并尽可能地身强力壮，安全系极高的男性。

第二个是父母身份可能性的问题。由于女性携带受精卵，她们总是能够确定自己是孩子的母亲，但是男性就不能肯定孩子一定是自己的，所以他们必须采取措施保证他们的投资是直接指向自己的子孙，而不是其他男人的子孙。于是，就出现了这样的看法，认为男性对女性更关注情敌，更看重配偶的忠贞。

总之，可以有这样的结论：

1. 对男性而言，女性的配偶价值应该由她的生殖能力决定，如年轻、生理吸引。为了增加父亲身份的可能性，也应该更看重女性的贞操。

2. 对女性而言，男性的配偶价值应较少受其生殖能力决定，而更多地受他能提供资源的多少来决定，如能赚钱、有雄心和勤奋等特征。

3. 男女在引起妒忌的事情上也有差异。男性更多地为妻子性的忠贞和父亲身份的可能性受到威胁而妒忌；而女性则更关注感情的依恋和失去资源的威胁。

第八章 人格评估

人和人各不相同，就像世界上没有两片相同的叶子一样，这是个不争的事实。但在很多时候是需要区分这些不同的“叶子”。比如同样条件和背景的两个人来应聘一个职位，除了简历上的基本条件之外，人力主管还需要做什么呢？需要做人格测评，看哪个人的特征与需要的岗位相匹配。例如，一个人性格内向，不善言辞，不喜欢与他人打交道，就应该尽量避免从事产品推销或公关一类的工作；如果一个人性情急躁、粗枝大叶，那么，他就不适合从事文字校对、整理资料等需要耐心细致的工作。

另外，在心理治疗过程中，当来访者不是个善于表露的人，把自己内心世界的感受和体验隐藏得很深，如何才能获得他真实的人格特征呢？心理咨询师也可以采用问卷或者投射等人格测量的方式，来帮助获得比较精确的资料。

一、基迪翁选用的士兵——最早的人格选拔

人类最早的人格测量是在旧约全书中记载的。以色列人计划和米蒂安人打一仗。当时以色列的司令官叫基迪翁，他面临一个问题，就是志愿兵太多。他想减少人数，但又不想随便削减，因为他需要最有经验而且勇敢的人。于是基迪翁用了一种最粗糙但又很方便的方法来鉴别好士兵和差士兵。他告诉士兵说，战争是很危险的，每个战士都有可能受伤甚至是死亡。这样志愿兵中至少有 2/3 的人改变想法回家去了。可是上帝对基迪翁说，人数还是太多。基迪翁就让剩下的战士去附近的小河喝水。用手舀水喝的人通过了测试，而其他弯下腰跪到河边喝水的人则被淘汰了，基迪翁的理由是真正有经验的士兵即使在喝水解渴时也是要提防敌人的偷袭的。

基迪翁使用的第一种方法就是人格测验，第二种方法是能力测验。他的这种测验被流传下来。在第一次世界大战的时候，美国心理学家伍德沃斯就是用这种方法来鉴别合适的战士参加战争。只不过伍德沃斯是根据这种思想编制成了问卷这一可操作的形式。伍德沃斯的个人资料记录是最早的人格评估问卷，之后，以问卷法来测量人格的方法就越来越普及。

特质流派的学者为了描述人们的人格面貌，编制了各式各样的题目来进行测量。例如，有这样一个问题，三个不同特质的人要做出回答："如果明天将要到海边度假，今晚你会怎样？"

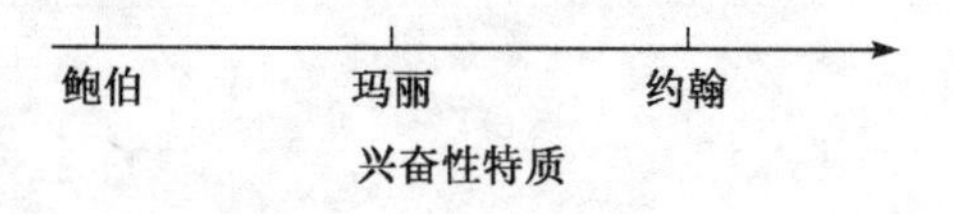

鲍伯、玛丽和约翰的表现可能很不相同，鲍伯说他会像往常一样准时上床睡觉；玛丽说她会因为有点兴奋而推迟睡觉时间；而约翰则说他会因为太高兴了而一夜不睡。三人不同的行为反应上就可以确定三人在兴奋性人格特质上的强弱。从测验者给出题目，到他进行反应，到判定他某个特性的程度就是一个人格测量的过程。

小知识

007邦德的素质

美国战略情报局（即后来中央情报局）选拔特工的条件：

	项目	内容
一般条件	1	任务动机：战斗士气，对所从事的工作感兴趣
	2	活力和自主性：积极性水平高、热情、努力、主动
	3	有效智力：选择策略目标和最有效地达到目标的能力，处理事物、人际关系、观念时能快速有效思维。足智多谋、独创性、判断力强
	4	情绪稳定能力：能控制烦躁情绪，强大压力下可以沉着冷静。有对混乱的忍受力，没有神经质倾向
	5	社会关系：能和他人很好相处，愿望良好，团队行动机智，没有社会偏见，没有让人讨厌的特质
	6	领导才能：社会主动性，能激发合作的能力、组织管理的能力，勇于承担责任
	7	安全性：保守秘密的能力、机智、谨慎、有欺骗和让人误入歧途的能力
特殊条件	8	体能：敏捷、大胆、耐心、毅力
	9	观察和报告：观察和准确记住重要事件及相互关系、评价信息和简洁报告的能力
	10	宣传技能：洞察敌人心理弱点和能力；设计一种或几种颠覆技术；说写绘画有说服力

比较一下上世纪40时代美国战略情报局对海外特工的具体要求，你能从007系列中的詹姆斯·邦德以及现代反恐精英“24小时”中的杰克身上，发现多少与他们相互匹配的特质和能力吗？

二、真假囚犯——史料分析法

1941年5月10日，德国纳粹头目希特勒的副手鲁道夫·赫斯为了同英国进行停战谈判，只身飞往苏格兰，但是有去无回，等待他的是无期的监狱生活，一直都被关押在施盘道监狱。38年过去了，人们都认为这个罪恶滔天的刽子手是罪有应得。

但是曾经在施盘道为赫斯做过体检的外科大夫托马斯道出的事实却让人们大吃一惊。他说，这个囚犯根本就不是赫斯本人，而是赫斯的替身。

原因有几点，第一是这个犯人身上没有枪伤，而赫斯在1916年曾受到严重的枪伤。第二是根据以往的资料记载，赫斯是个特别挑剔的素食主义者，经常服用病原性药物，打得一手漂亮的网球，而且有丰富的政治经验，举止大方，特别讨厌吹口哨和摇摆椅子两个小动作。而关押在施盘道监狱38年的这个“赫斯”和资料记载的赫斯除了相貌特征外，其他行为和人格特征都不一样。监狱中的赫斯特别喜欢吃肉，而且是狼吞虎咽，从来没有服用过真正的“赫斯”吃的那种药，也没有打过网球，行为上更表现得很低能，语言空洞，表述不清，还经常喜欢吹口哨和摇摆椅子。从这些证据表明，关押在施盘道监狱三十多年的赫斯是个冒牌货。

托马斯医生使用的就是史料分析人格的方法。

1. 什么时候可以用史料分析法

史料包括历史资料也包括现存的个人资料，如日记、自传、回忆录等。这些材料中都存有大量与被研究者有关的人格信息。当我们无法直接面对面地获取信息和资料的时候，个人资料分析就成了人格评定主要的方式。

2. 不完美之处

无可否认，这些资料和信息有的是真实的，有的则是伪造的，这需要使用者具有一定的辨别是非、去伪存真的能力。如果你看过卢梭的《爱弥尔》，可能会认为卢梭是个优秀的父亲和教育者，因为从他的书中你能获取很多教育的心得和感悟，但实际上你是错的。生活中的卢梭从来没有做过父亲，也没有要过孩子，即使自己的情人怀孕了，他也坚持要她把孩子打掉。这可能是卢梭人格深处的另外一面，但仅仅从他那些鸿篇伟著的分析是不能得出完全真实的人格信息。但在很多心理历史的研究中，这种依靠史料分析来研究人物的人格特征的方法还是经常被使用的。

三、从谈话中来了解你——访谈法

1. 什么是访谈法

访谈法是通过面对面的方式来了解被试人格特点的方法。这是人格评定中较为常见和常用的方法，它可以直接获得被访谈者的具体信息，在对心理变态者作出诊断、人员招聘和选拔等方面都常被用到，而且对于了解被试过去的经历、人格特质和近期的心理状态等都很重要。

2. 它有什么形式

访谈可以分为结构性访谈和无结构访谈两种。结构性的访谈是指事先准备或指定访谈的内容和计划，对于要提什么问题，要了解哪些方面的情况都有所规划，然后在访谈过程中就可以按部就班地进行了。这种访谈的优点是有目的、有计划，对于要做什么和怎么做都心中有数。而无结构的访谈则对访谈内容要求不高，一般比较松散，完全取决于访谈者的主观经验或者根据具体的情境展开，谈什么和怎么谈都比较随机应变，灵活处理。

3. 它的特点是什么

访谈法的优点是简便快速，容易使用，但缺点也很明显，容易没有效率，而且受外界影响很大。比如，在访谈过程中，访谈者不由自主地把自己的面部表情、手势、姿势、语调等身体线索流露给被访谈者，使被访谈者容易将自己的思路或者回答顺应访谈者的意愿。如果被访谈者表现紧张，也会影响访谈的效果。另外，访谈中还存在定势效应，如果被访谈者打扮非常时髦或者是很邋遢，那访谈者对他的第一印象就会影响整个谈话过程。

因此，访谈一般比较合适去判断一个人是否有明显的精神或情感障碍。对于正常人来说，它的最大作用就是作为评价个人资料、生活态度、汇总整合其他信息的一种辅助方式，以获得更为客观的数据。

四、于细微之处见人格——观察法

1. 什么是观察法

人格评定中的观察法不同于一般的观察。一般的观察是没有特定目的，可以随时随地地进行。而这里的观察法是指标准化的观察法，事先有制定观察的目的和内容，观察什么，在什么时候进行，观察的时间多长，记录哪些信息，行为频率的多少等等。由于人格观察中目的性很强，所以相对来说很有针对性，这对于了解一个人的人格特征是很有用的。对被观察者不加任何控制的观察称为自然观察。还有一种观察是控制有关条件，提供具体的情境，看被观察者在特定情境下的表现或者观察他的行为变化。

2. 它有什么特点

观察法是人格测量的重要方法，但这种方法操作起来不太容易，依赖于观察者在心理观察方面的能力，需要观察者具备专业知识、专业技能和相关素质等多方面的条件。

五、陈述你自己——问卷法

1. 什么是问卷法

问卷法又称为自陈测验，是用一种书面的形式测量人格的做法。现在人们经常看到的人格测量是使用一套题目，让你就这些题目做出是否合适自己的判断，然后对你的人格特点或种类做出总结，这就是问卷法。当然，标准化的问卷是通过科学检验，有一定的可信性和有效性的。问卷法是让被测量者提供关于自己人格特征的报告。因为这种方法简便有效，已经成为生活以及临床实践中很普遍的方法。

2. 问卷有哪些类型

常见的人格问卷有三类：

第一种是根据研究内容编制的问卷。以逻辑为线索，先根据某个人格理论，确定要测量的特点，然后用逻辑分析的方法来编写和选择题目。一般从题目上能看出要想测量的特质，大多数的人格测验都属于这种类型。如武德沃斯的个人记录表等。这类问卷的缺点就是问卷题目和想要测量的内容之间联系太明显，一看就知道是测验人格的哪些方面的，所以很容易作假。

第二种是用因素分析方法编制的问卷。这种问卷不是依据某个现成理论，而是从书籍、报纸、字典甚至是病理卡上来挑选出许多对某一种人格的描述来编写题目。通过被试在各道题目上的得分进行因素分析或者其他相关分析，把所有有关联的题目归在一起，组成一组，每一组就是一个因素，也就是想要测量的人格的一个方面。例如卡特尔的16PF人格测验。

第三种是根据生活经验来编制的问卷。这种测验也不以理论为依据，而是根据几种明确不同的人对题目的不同反应来编制测验。比如正常人和精神病人做同一组的题目，如果两组人的反应是不一样的，证明这个题目是能区分正常和异常的，这些题目就保留下来。而如果两组人的反应是一样的，证明这个题目是没有用的，就要删除。即完全根据生活实践来编制题目，著名的就有明尼苏达多相人格问卷（MMPI）。

3. 形式是什么

问卷法一般就是纸笔测验，工具是一份调查表，表中罗列了各种人格特质的表现，看被询问者对哪些人格特质认同，对哪些否认，以此来判断他属于哪一类的人格类型。问卷法的基本假设是：只有被试者最了解自己，因为每个人可以随时随地观察自己。但这种假设忽略了一点，就是对自己的观察并不一定是正确的或者是能如实报告出自己观察的结果。由于社会规范、行为准则、道德因素的影响，被试者不一定会把自己的真实想法在测验答案中表现出来。因此，被试的顾虑往往就降低了测验的真实性和有效性。

小知识

明尼苏达多相人格测验

明尼苏达多相人格测验(简称 MMPI)由美国明尼苏达大学教授哈特卫(S. R. Hathawag)及麦金利(J. C. Mckinley)合作编制而成，一共有 567 个条目，内容范围很广，包括身体各方面的情况（如神经系统、心血管系统、消化系统、生殖系统等情况）、精神状态及对家庭、婚姻、宗教、政治、法律、社会等的态度。实施时要求被测验者根据自己的真实情况对所有题目作出“是—否”回答。心理学家从中获得人格上“抑郁”、“偏执”等维度上的分数。但进行人格评价时，更多关注的不是每个维度上的得分，而是分数分布的模式，以及那些超出平均水平的分数。下图就是一例得分的轮廓图。

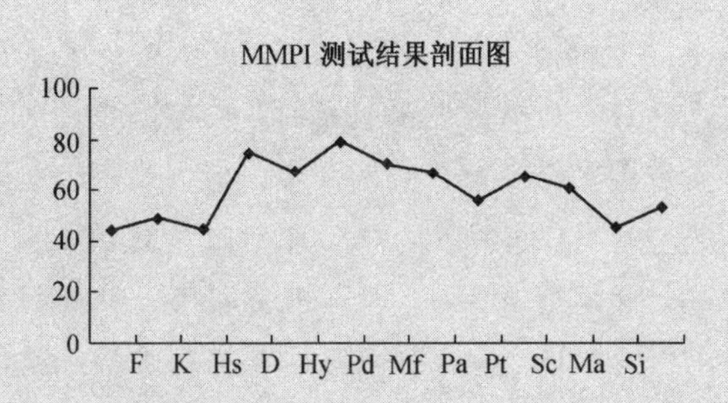

题目如：

我相信有人反对我。

我相当缺乏自信。

我认为自己口碑不好。

针对每个问题回答“是”、“不是”或“不确定”，这些问题可以测量强迫症、偏执狂、精神分裂症、抑郁性精神病、失常、男子气和女子气、神经衰弱、轻躁狂和社交内向等。这些名字给人一种印象，好像主要关心的是精神疾病，它确实能测量出精神疾病，但它同样也能检测出正常的人格。比如，那些在“大部分时间我都是快乐的”和这份量表中大部分其他题目也都回答“不是”的人，可以被评价为精明、心存戒备和处心积虑的人。那些在“我喜欢社交性的聚会，是为了与人相处”和类似问题上回答“是”的人，可以判定为善于社交、活泼和有雄心，而那些回答“不是”的人则有谦虚、害羞和自我退缩的倾向。

这个测验所重视的是被试的主观感受，而不是客观事实，又因为在编制时采用正常与异常两组对照组为样本，因此 MMPI 不但可做临床上的诊断依据，而且也可用来评定正常人的人格，使人们对一个人的人格有个概略的了解。

尽管MMPI在过去半个世纪中是最为广泛使用的人格问卷，但它的局限也是很明显的。问卷题目过长，而且许多题目的表述很直白，如果真实回答，总给人一种不舒服的感觉。如“坏字眼儿，通常是很可怕的，在我脑海里不停出现，而且挥之不去”、“我受到同一性别的强烈吸引”。还有一些题目是针对病理性心理疾病的，所以当正常人做这些题目时会感到很可笑。美国幽默专家巴克沃尔德嘲笑MMPI，觉得MMPI应该再加上一些题目，如：

领带打得过宽是有病的表现。

我年轻时，常常喜欢讥笑蔬菜。

我的鞋油使用得太多了。

六、内心想法的一面镜子——投射法

1. 什么是投射法

小时候，我们经常会觉得天上飘浮的朵朵白云像一只只绵羊，或者自己身后的影子像个怪物，时刻跟着自己。这就是投射的一种表现。人格评价中的投射是指个体把自己的思想、态度、愿望、情绪等人格特征不自觉地反映到外界事物或他人身上的一种心理。由于投射的作用，人们会把无生命的事物看成是有生命的，把无意义的现象看作是有意义的。在这种情况下，个人对客观事物的解释不是事物本身的性质，而是自己内心的心理特征。

投射测验一般是由若干个模棱两可的刺激所组成，被试可对其任意解释，使自己的动机、态度、感情以及性格等在不知不觉中反应出来，然后测验者对他的反应加以分析，就可以推论出他的若干人格特征。

2. 投射法的依据是什么

投射测验主要是以精神分析的人格理论为依据。按照弗洛伊德的理论，人的行为由无意识的内驱力所推动，这些内驱力会受到压抑，不为人们觉察，但却影响着人们的行为。根据这种理解，人们难以通过问题直接了解一个人的情感和欲望，对他的人格进行评定。但是，如果给被试一些模棱两可的问题，那么他的无意识欲望有可能通过这些问题投射出来。所谓投射测验就是根据这种思想设计出来的。

3. 投射测验有哪些类型

联想法

给被试一个刺激（字词、墨迹等），让他说出由此联想到的东西。最早使用这种方法的是精神分析学家。荣格的自由联想法就是一例。荣格认为从人有无反应、反应时间长短、反应的内容都可以分析出压抑、情结和其他人格的内容。美国哈佛大学录取新生时也使用联想的投射方式，如问学生听到“安全”时会想到什么？生平第一次赚钱是在什么时候？有事没事时脑子里通常想的是什么？他们的目的是激发学生潜意识里的直接反应，以此来判断该学生有无成为商业管理人才的潜力。投射测验中最有名的是罗夏墨迹测验。

尽管早在 1921 年，瑞士精神病学家罗夏就已经编制了罗夏墨迹图这种投射测验，但是最早提出投射这一概念的是美国心理学家莫瑞，最早使用投射方法来测量人格的则是弗兰克。

罗夏墨迹测验是由10张墨渍图片组成，其中5张为彩色，另5张为黑白图形。施测时每次按顺序给被试呈现1张，同时问他们："你看到了什么?""这可能是什么东西?"或"这使你想到了什么?"等，允许被试自己转动图片从不同的角度去看。测验时一方面要记录被试的语言反映，一方面还要注意被试的情绪表现及伴随的动作。

罗夏墨迹测验评分主要依据：被试是对部分墨迹还是整个墨迹做的反应；他最重视墨迹的哪个部分；回答的内容是针对墨迹还是针对背景的等等。

20世纪30年代以来，罗夏墨迹测验在美国心理学家中很受欢迎，并得到广泛使用。以后的几十年中，它一直是临床心理学博士论文中选用最多的论题，研究的数量数以千计，但是评价却褒贬不一。有的认为它很可靠又有效，但有的却认为它一点科学性都没有。但是，无论如何，它都是临床心理学家和精神病学家使用最多的工具。

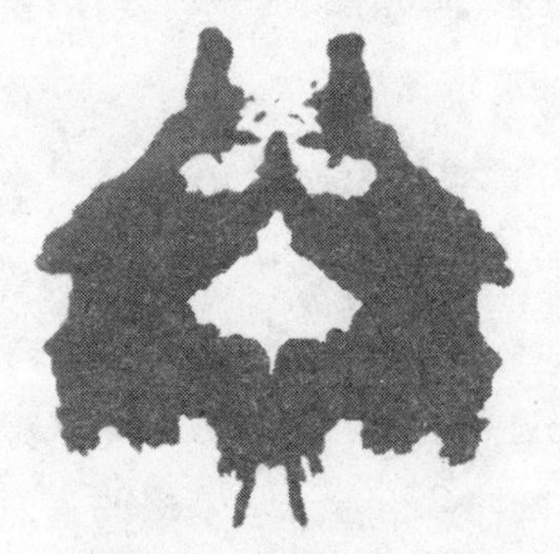

看看这张墨迹图，你能看到什么呢？

构造法

要被试根据他所看到的一套含有过去、现在和未来等发展过程的图片编故事。编造的故事虽然会受到图片内容的影响，但需要想象的部分、或者是被试自己增加的内容都可以折射出他们内心的想法和矛盾冲突。

这一类中著名的测验是主题统觉测验（TAT），是由美国心理学家莫瑞和他的助手摩根在1938年创造的。

莫瑞气宇轩昂，仪表堂堂，但在内心深处却受着心灵困顿的煎熬。在摸索自己的历程中，他曾去拜访过荣格，还在他身边呆了三个星期，期间每天都接受心理治疗。如莫瑞所说："在这个爆炸式的体验中，我获得了新生。"这不仅让他治好了长期不愈的口吃，还让他对心理学产生了极大的兴趣，于是又转而学习心理学，成为一名心理分析学家，最后成为哈佛心理诊所的心理分析研究员。

莫瑞对人格研究所做的最有意义的贡献，就是他和同事耗时 3 年进行的临床研究项目。他们使用多种技术深入研究 51 位大学生的人格特质，这些技术包括深入访谈、挫折试验，或者当试验者说出刺激性的词汇，如"骗子"、"同性恋"等词时，测试该试验者身体的反应，还使用了投射测验，其中最有影响的就是 TAT 主题统觉测验。

这种测验的性质与看图说故事的形式很相似，莫瑞让测验者观看 30 张模棱两可的图片，图片所描述的事情和原因他们并不知道。另有 1 张空白图片。图片内容多为人物，也有部分景物，不过每张图片中至少有一人物在内。测验时，每次给被试 1 张图片，要求他们根据所看到的内容为图片编出一个故事，每个故事大概 5 分钟，可以凭感觉自由发挥。故事的内容不加限制，但必须符合以下四点：图中发生了什么事情，为什么会出现这种情境，图中的人正在想些什么，故事的结局会怎样。对故事的心理解释，很大程度上依赖于一张由莫瑞研究小组编制的、列有 35 条人格"需要"或动机的清单，这些需要包括获取成就、支配秩序以及成为救星之类的内容。

其中一张图片上，一个中年妇女侧身面向左边，其身边有一位穿戴整齐的年轻男士稍稍背向着她，头有些低垂，眉头微皱。

一个参加测验的女人是这样描绘这幅画的：

母亲和孩子幸福地生活着。她没有丈夫，儿子是她唯一的支柱，但是这个孩子交上了坏朋友，并和其他人一起去抢劫。但是没有成功，被警察抓捕了，并且被判了5年监禁。这张图片表现了他与母亲告别的情景。母亲非常伤心，也感到很耻辱。儿子现在也很痛苦，因为自己不仅为此步入监狱，浪费青春，还给母亲带来了伤害和羞辱。

后续的故事是，这个儿子因为表现良好而提前出狱，但母亲已经去世。他生活了一段时间后又重新犯罪，再度回到了监狱，出狱时已经成为一个老人。他的余生就这样在忏悔和潦倒中度过。

莫瑞在解释这个故事时说，讲故事的女人感到的是外部不好而影响年轻人的行为。同时，也反映了其他几种深层的需要，比如对母亲的赡养、金钱的缺乏和自我的贬低。实际上，这个例子说明了TAT的价值，如莫瑞自己认为的那样，“当某个人解释含义模糊的社会情境时，很容易就像他所关注的现象一样暴露出自己的性格来。他完全倾心于这是一个客观的现象，人变得非常天真，根本没有意识到自己，也没有想到别人正在仔细地审视他。就这样，毫无戒心地，把自己内心深处的想象呈现给观察者。”

完成法

就是在测验中提供一些不完整的句子、故事或者论证的材料，要被试自己补充，使之比较完整。如塞克斯的词语完成测验。主要通过以未完成的句子作为刺激，让被试自由地给予语言反应来完成未完成的部分。依据被试的反应内容来推断受测者的情感、态度以及内心冲突等。例如：

“我认为父亲很少……”

“我喜欢的是……”

“我认为婚姻生活……”

这种言语联想方法起源于德国，最初用于测查儿童的智能，后来美国使用这种方法测查人格。这种方法广泛地运用于临床，而且它使用比较方便，易于掌握，既可以施测个人，也可以施测于团体。

表露法

利用一种媒介，如绘画、游戏、心理剧等，自然地表露一个人的心理状态。例如画人测验，测量者让被测验者画一个人，然后根据这幅画来评价其人格特征。如果有人把画中人的头部画得很大，代表他认可和追求权力和智慧；而把人全都画在纸的下方表示这个被试具有抑郁的特征；把人画在纸的左边则代表自我中心。这些评价结构的可靠性不是很高，一般在操作过程中要由训练有素和经验丰富的心理学家和心理治疗师来使用。

另一种投射的表露方法是画树测验。它是由瑞士心理学家卡尔克契创造的，让测验者随便画一棵树，然后与 20 种标准树进行比较，可以发现被测者的人格特征。例如，如果画的树上有根部，则代表被测者比较稳重，不会投机，不做轻率的举动；如果没有画根部而且也没有用横线来表示地面，则代表被测者缺乏自信，行为上没有规律；如果树画在小山上表示这个人喜欢独来独往，人际关系不良；树干左边有阴影表示这个人性格内向，比较拘谨；树干右边有阴影表示这个人外向，喜欢与人交往，比较乐群。树上的果实表示被测验者善于观察，追求物质享受，也代表他的成就动机的大小；树叶或果实落在地上表示很敏感，对事情的理解能力强，但是缺乏毅力，有宿命论的思想；树干短，树冠大则显示这个人有雄心壮志，但是自己的能力与所期望的成就不相匹配。根据一个中国教授使用画树方法的结果报告，发现画树者中表露出的人格内容与被测验者的自评结果完全一致的有44%，部分一致的有41%，完全不符合的只有15%。

4. 投射法的评价

投射测验的优点是弹性大，可在不限制被试的状况下，任其随意反应。由于投射测验使用墨渍、图片或者语词表露等方法，扩大了对没有阅读能力或文化的人的人格测验。但它的缺点也不容忽视。首先，评分缺乏客观标准，对测验的结果难以进行解释。另外，这种测验的原理比较深奥，使用的时候要经过专门训练并且要积累一定的经验才可以。

尽管投射法存在很多不足，但是在临床诊断上仍是一种很受欢迎的人格测量方法。心理学家也在不断努力克服投射测验的不足，让它能很方便顺利地使用。

七、环境中的表现让你暴露自己的人格——情境法

1. 什么是情境法

所谓的情境法，根据字面意思就可以理解，就是在一定的情境下，观察被测者的具体表现，以此判断他的人格特征。与观察法不同的是，情境法是预先设计好一种情境，并将被测验者安置到这种情境中，要他和情境互动，自然表现。这里的情境可以是自然状态下的情境，也可以是设计好

的情境。

2. 有什么形式

主要的情境测验有品格教育测验和压力情境测验。品格教育测验主要针对青少年，比如诚实测验、自我控制测验和公正测验。例如为了考查学生诚实的人格品质，就在一次考试结束后，将每份考试卷复印一份，然后把没有评分的考卷发给被试。要求他们自己批改和评分。之后对照开始的试卷和学生们批改的试卷，就会发现有的学生为了取得高分而偷偷改了答案。这种人格测验在教育上常常会用到。

另一种情境法就是压力情境测验。让被测验者处于一种压力的情况下，看他有什么反应。例如第二次世界大战中选拔间谍和美国国家安全局选拔特工，一般都会使用这种方法。让被选者完成一项任务，并给他配备几个助手，实际上这些助手都是测验人员，他们有意阻碍被试完成这项任务，或是破坏任务的进程，或是提出不合适的建议，或是在一旁冷嘲热讽。那么被试在这么多干扰的情况下，就会暴露出他的人格特征。是选择坚持还是放弃，是发脾气还是继续忍耐，是自我做决定还是时刻与团队沟通等等。

3. 流行之处

事实上，这种情境的人格评估方法在当今电视类的招聘选拔节目中也很流行。由上海卫视策划的“绝对挑战——一个月赢得百万创业基金”的节目就是使用情境法的人格评估。

该节目通过各种报名方式事先选拔了 10 名参赛者，组成两个队伍。在每个队伍中选出一名队长，队长的任务是组织安排分配活动，并对自己队伍的失败负责。一个月共有四项任务，每项任务都要淘汰一名选手，每轮过后由专家组成的评审团为每个选手的本次任务表现打分，决定其去留。任务是艰巨的，但奖品却是可观的，可以获得100万的创业基金。队友既要竞争又要协作。因此，每个人都使出了看家本领和英雄本色，在每个任务上都投入巨大的精力，但是比赛一定有赢有输，势必让选手在压力情境下把自己人格特点毫无保留地呈现给观众和评委。这档以展现人格测量和评价的真人秀节目获得很多观众的好评，一度引领2005年上海卫视收视率的先锋。

小测验

菲尔人格测试

这个测试是美国菲尔博士在著名主持人奥普拉的节目里做的，国际上称为“菲尔人格测试”，时下被很多大公司人事部门用来测查员工的性格。

1. 你何时感觉最好？

A. 早晨； B. 下午及傍晚； C. 夜里

2. 你走路是：

A. 大步地快走； B. 小步地快走； C. 不快，仰着头面对着世界； D. 不快，低着头； E. 很慢

3. 和人说话时，你：

A. 手臂交叠站着； B. 双手紧握着； C. 一只手或两手放在臀部； D. 碰着或推着与你说话的人； E. 玩着你的耳朵、摸着你的下巴或用手整理头发

4. 坐着休息时，你：

A. 两膝盖并拢；　B. 两腿交叉；　C. 两腿伸直；　D. 一腿蜷在身下

5. 碰到令你发笑的事情时，你的反应是：

A. 欣赏地大笑；　B. 笑着，但不大声；　C. 轻声地笑；D. 羞怯地微笑

6. 当你去一个聚会或社交场合时，你：

A. 很大声地入场以引起注意；　B. 安静地入场，找你认识的人；　C. 非常安静地入场，尽量保持不被人注意

7. 当你非常专心工作时，有人打断你，你会：

A. 欢迎他；　B. 感到非常恼怒；　C. 在上述两极端之间

8. 下列颜色中，你最喜欢哪一种颜色？

A. 红或橘黄色；　B. 黑色；　C. 黄色或浅蓝色；　D. 绿色；　E. 深蓝色或紫色；　F. 白色；　G. 棕色或灰色

9. 临入睡的前几分钟，你在床上的姿势是：

A. 仰躺，伸直；　B. 俯卧，伸直；　C. 侧躺，微蜷；　D. 头睡在一条手臂上；　E. 被子盖过头

10. 你经常梦到自己：A. 落下；　B. 打架或挣扎；　C. 找东西或人；　D. 飞或漂浮；　E. 你平常不做梦；　F. 你的梦都是愉快的

得分标准：

1. A2B4C6

2. A6B4C7D2E1

3. A4B2C5D7E6

4. A4B6C2D1

5. A6B4C3D5

6. A6B4C2

7. A6B2C4

8. A6B7C5D4E3F2G1

9. A7B6C4D2E1

10. A4B2C3D5E6F1

分析：

总分低于21分：内向的悲观者。大多数公司不喜欢这种类型的人。

21分到30分：缺乏信心的挑剔者。适合编辑、会计等数字和稽核工作。

31分到40分：属于以牙还牙的自我保护者。就业方面有最广泛的适应性。

41分到50分：平衡式的中庸人物。适合公司里人力资源的工作。

51分到60分：是个有吸引力的冒险家。适合市场开发与销售工作，能够独当一面。

60分以上：是个傲慢的孤独者。通常很有才华，但与人沟通功夫不太好，适合研发指导或者艺术创作之类的工作。

第九章　人格障碍 ABC

每个人都以独特的生活方式和人格特点与周围的世界发生关系。正是这一特点决定了我们怎样认识环境和怎样与他人相处。而当某一天，我们的这些特征不再那么灵活地随环境的变化而变化的时候，就可能会出现人格障碍，导致比较严重的个人和社会问题。

一、什么是人格障碍

1. 人格障碍是什么

人格障碍又称人格异常或病态人格。通俗地讲，它是对正常人格的明显偏离，是一种人格发展的内在不协调,是在没有认知障碍或没有智力障碍的情况下出现的情绪反应、动机和行为的异常。所谓人格发展的内在不协调，可以表现在认识能力、情绪反应和意志行为三个方面的活动发展得不协调；可以表现为理智活动和本能情绪反应得不协调；也可以表现为抽象思维和形象思维之间发展的不协调。这种不协调若是有极端的表现就是异常心理了。

在西方国家，人格障碍的发病率大概有 10%，这种介于精神病和正常人格之间的行为特征，在行为表现上有程度上的差别，严重的会伴有身体或其他精神性的问题。美国精神病学会用四个特征来定义人格障碍：第一，它是内心体验和外部行为的固定模式，而且是明显偏离社会文化规范。这种偏离表现在对任何事情的理解和解释上，认为世界都是不友好或者是对他不利。第二，这种偏离的行为很顽固地存在于整个人格的发展过程中，带来明显情感上的痛苦和伤害。第三，这种偏离的行为模式稳定持久，一般起源于青春期，发展到成年期，一直保持强劲势头。第四，这种模式和普通的外伤、吸毒、疾病的情况不一样，是不太容易一下被辨认出来的。

2. 人格障碍有什么表现

早期学者们推断神经症和精神病是人的理智和情感急剧冲突的结果，而怪僻、犯罪或其他行为上的异常则是先天的道德缺陷所导致。现在看来，这种解释很不合理，也很不科学。

（1）人格障碍者最突出的表现是行为和认知上的障碍。

不管是被动还是主动性地发生异常，如偏执怀疑、自恋等都给他人造成影响甚至是很大的伤害。就像心理学家科尔曼说的那样，患有人格障碍的人觉得自己对别人是没有责任的。即使是做了不道德的事也不会有罪恶感，更不会为此而后悔。而且他们还把自己遇到的困难都归咎于他人或者是命运的错误，认为“人人负我，老天对我不公平”。自己感觉不到有什么问题，也没有什么要改正的地方。他们会把自己猜疑固执的想法走到哪里就带到哪里，任何新的环境都会受到影响。最有意思的是，当这些人格障碍者搞得自己四周鸡犬不宁、鸡飞狗跳的时候，他却可以安然处之，稳若泰山。

（2）人格障碍还表现在情感和意志活动的障碍上，而思维和智力活动并无异常。

这种情绪、动机和行为的异常使个体对环境适应不良，他的社会和职业功能也受到明显影响，他们虽然在情绪上反应剧烈，但在思维活动中一般表现得很正常。

例如，一个人的抽象思维过分或畸形地发展，就会变得过分理智化，缺乏人情味和应有的情感色彩。大家都知道，爱因斯坦的抽象思维能力很高,但他平时也注意培养自己形象思维的发展，如平时很喜欢拉小提琴等，所以尽管他是一个纯理论学家，但他的人格中也充满了人文的味道。相反，如果一个人形象思维过度或畸形地发展，就会陷于幻想之中，不能面对现实或感情用事，表现较高的受暗示性，显得矫揉造作，如画家凡·高应该说是形象思维能力发展得很高，但两种思维之间发展得不协调，结果不能适应周围的环境，自我极度痛苦,最终导致自杀。

又比如，一个人本能、情绪、意向活动过分或畸形地发展,就会出现理智活动发展不足,以及高级情感的缺陷。这种人缺乏调节情绪情感和行为的能力，容易成为一个放荡不羁，感情冲动，偏离正轨，低级趣味，行为淫乱的人。如美国电影《插翅难飞》中的男主人公就是这样一个例子，行为受情绪、本能愿望驱使，具有高度攻击性，没有羞耻感。

人们还经常会在文艺作品中，看到描写一个人有两种或多种性格，或多重人格的表现。在中世纪的戏剧和小说中也会出现一些非常典型的讽刺或谴责人物性格的巨作。如法国作家莫里哀对厌世者，巴尔扎克对守财奴葛朗台的刻画，都反映了文学家们认为的人格中的种种劣根性。伪善者、轻佻者、悖德者及其他作品中的人物性格也可以看作就是这类病人的典型描写。

小知识

三面夏娃

上个世纪50年代，美国有一部著名的电影叫《三面夏娃》。里面有一个女人有三种不同的人格，分别是白夏娃、黑夏娃和珍。在一个时间或环境下，其中一种人格占据优势，统领自己的思想世界。三种人格根据环境和时间的不同，一直在不停变化。

白夏娃——基本上以正常的方式来感知世界，但是对自己不满意，人格的障碍主要是对自我概念的解释上，有时候坏，有时候好，有时候被动，有时候又软弱。不能摆脱社会的压力。

黑夏娃——脱离社会现实，以一种歪曲的方式来感知世界，表现出的反应是激烈和疯狂的。觉得自己很完美，为了这种完美，即使憎恨和诈骗也没问题。

珍——表现得比较“健康”，和正常人差不多。接受一般的社会信念，对自己有比较满意的评价，自我概念不是很强烈，但也不是很弱。但虽然看上去比较健康，但表现得有些拘谨和呆板。

3. 人格障碍与行为怪异

人格障碍在心理正常和异常的范围上居于中间的位置，它不会像精神分裂那样严重，又比一般生活中的反常要厉害很多。在英国有很多奇奇怪怪的人，如一个叫托马斯的图书管理员，钓鱼的时候总是将自己打扮成一棵树。一个叫查尔斯的绅士，喜欢环游世界，每次在去热带丛林的时候，晚上都只睡在吊床上，把一只脚伸向天空，期待着能有吸血的蝙蝠把脚趾的血吸干，好让他见识一下真正的中世纪的吸血鬼传说。

实际上，这些行为怪异的人不是人格障碍，只是想满足自己内心比较可笑的一些想法而已。英国一位临床心理学家的研究说明，这些行为怪癖的人当中只有四分之一的人有人格障碍的可能，而其中的大多数人是心理状态很好的例子，他们能将自己的心理调节放松，是快乐的样本。

二、谁是导致人格障碍的凶手

一般认为病态人格是大脑先天性缺陷加上有害环境的影响而形成的。

1. 遗传因素

研究表明人格障碍与遗传有关—如卡尔曼研究指出，病态人格的亲属发生率与血缘关系成正比，即血缘关系越近，病态人格的发生率越高；同卵双生儿同性恋的一致率为100%。而病态人格患者的子女，即使从小寄养在正常的家庭，与正常家庭的子女相比，仍有较高的病态人格发病率。

有证据表明，正常人格部分是遗传的，但对人格障碍还没有取得满意的遗传证据。施兹对人格的正常变异进行研究，调查44对单卵双生子，其中有些出生后就分开生活。测验结果显示，分开长大的双生子评分与那些生活在一起的相似，说明遗传有重要影响。人们也假设正常人与人格障碍者存在脑电及生化的差异。在反社会型人格障碍的人中，脑电图确实显示较大量的、皮层活动的突然爆发。人们设想它能激发失去控制、冲动和不负责任的行为。但是，有时正常人脑电图也有这种波型，而有些变态人格者脑电图又无这种异常。人们又去设想某些人格障碍可能与内分泌激素有关。如认为睾酮可能与攻击人格有关。有人用放射免疫法发现，长期被监禁的进攻型男性与不使用暴力的罪犯相比，其血浆中激素浓度显著增高。但和脑电图研究一样，内分泌激素的证据也不能十分肯定人格障碍。

2. 环境因素

遗传和先天素质是人格形成的基础，但一个人童年时期的环境和教育对他以后的人格发展也起着极其关键的作用。这是因为儿童时期，大脑正处于成长发育阶段，可塑性很大，外界刺激很容易在儿童身上发生作用，所以一切不良的社会和家庭因素与不合理的教养方式是造成人格障碍的重要因素。

不和谐的家庭关系，特别是父母关系的不和谐，如家长经常争吵，甚至分居或离异及过强的精神刺激如母爱剥夺，都会给大脑正处于发育阶段的儿童造成精神创伤。虽然当时的影响不明显，但这种影响是潜在的、长期的，一旦使儿童形成某种不好的行为模式，如不良的应对方式，例如儿童发现在父母争吵的时候自己无能为力而到别处逃避比较好，以后就可能发展成为遇事不积极进取而宁愿避开的回避型人格。童年时期的经历很容易成为以后发病的祸根，很多人格障碍者提起过去总会想到父母不和或是缺少父母之爱和家庭温暖，这与弗洛伊德的理论非常一致，童年的创伤经历常给儿童留下心理阴影，会有意无意地影响儿童以后的发展。

△不良的社会环境：在西方，病态人格特别多见，这与西方社会的高失业率、高离婚率、高度不安全感等不是没有关系的。我国自改革开放以来，人与人之间的竞争加剧，个体的危机感加重，人们应积极采取必要的预防措施，否则这些都容易给人格的发展带来负面影响，也可能成为一些童年经验不好的成年人形成人格障碍的触发因素。

△不合理的教养方式：因为儿童有较大的可塑性，不合理的教养方式如粗暴凶狠、放纵溺爱和过分苛求等都可能成为儿童病态人格的直接影响因素。如果对儿童过分苛求，凡事必须做好否则就给予惩罚，这种方式培养出来的儿童可能事事谨慎，但也可能形成他们做事要求十全十美，事后反复检查，穷思细节而紧张、焦虑和苦恼的特点。如果进一步发展则可能成为强迫性神经症。另一方面若过分放纵溺爱，则可能培养儿童任性、自我中心、情绪不稳定的特点，长期下去易形成癔病型、边缘型人格障碍。

总之，人格障碍的形成受多种因素的影响，因为长期作用的结果，所以必须以预防为主，在生活的早期及早注意，防患于未然。

小知识

教养方式对人格的影响

1990年，研究者根据家庭中两代人的独立和依赖的关系，归纳出了家庭教育的XYZ模式。结果显示，不同文化下的教养模式不同，对孩子人格的影响也不同，不良的教养方式很容易导致孩子成年之后形成人格障碍。

X型：这种家庭中父母和孩子的关系是相互依赖，亲子关系是顺从的，属于集体主义模式。比如像韩国和日本的妈妈总是很热心地保持与子女的关系，母亲千方百计地把孩子和自己绑在一起，她们认为母子的亲密关系是孩子健康发展的重要条件。母亲总是培养孩子在“人际关系上的协调性”，但是很难培养出孩子的独立性。

Z性：家庭中的两代人在物质和情感上都是独立的，亲子关系也是独立的，属于个人主义模式。如美国和加拿大的妈妈认为孩子的独立和个体化是其人格健康发展的基础。所以，母亲力图把自己和孩子分开，培养孩子的独立和自主，母亲在家庭关系上创造的是“个体的协调”。但是，这会给双方带来情感上的孤独和失落。

Y型：就是把上面两种模式结合起来的，既重视物质上的独立，又重视情感上的依赖。土耳其的家庭比较接近这种方式。有研究表明，土耳其的青年人既忠实于家庭，又重视自我的发展和实现。这是一种正常健康的家庭教育方式，能够培养出人格健康的孩子。

三、细数人格障碍的类型

美国《精神障碍的诊断与统计手册》第四版，把人格障碍作了详细分类，认为人格障碍主要有三大类，这三大类又涵盖了非常广泛的行为种类。最严重的接近于精神病的边缘。第一类是古怪和偏执类的人格障碍，表现特点是行为怪僻，典型的有偏执型人格障碍、分裂样人格障碍和分裂型人格障碍。第二类是戏剧化或者情绪反复无常类的障碍，其中临床心理学家最为关注的是反社会型人格障碍和边缘型人格障碍。第三类是焦虑或恐惧的人格障碍，其中以逃避型人格障碍、依赖型人格障碍和强迫型人格障碍比较典型。

1. 古怪和偏执的人格障碍

（1）偏执型人格障碍

偏执型人格障碍主要表现是对他人不信任和猜疑。从字面上看，偏执的认知是最主要的问题。这种类型的人会持续地、无端地猜忌其他人，一旦发现对方对自己不重视或是蔑视，就会很愤怒甚至使用暴力。他们的情绪比较冷淡，公开地藐视别人的意见和弱点，行为方式很僵硬。经常把别人的行为理解为对自己的伤害，会心存嫉妒很多年。

偏执型的人很敏感，特别是在遭到拒绝或是失败时，容易感到委屈，为此争辩个不休。往往还能从无关的情境中找到隐含的不愉快的意义，认为朋友会背叛自己，配偶会不忠实于自己。一切都是死板教条。一部分人会表现得不知所措，听天由命，但更多的人会表现出很强的好斗和攻击性。偏执型人格下一步就会发展到更极端的偏执型的精神分裂症。

一个偏执的案例

王某，女，22岁。本人不愿意求治，也拒绝承认自己心理方面存在问题，后在心理医生的耐心说服下她自述了情况。

“我读高中时成绩相当好。平时虽然不经常与人交往，不喜欢与同学交谈，但我总觉得他们嫉妒我，总是用一种异样的目光看我，他们也常常否定嫉妒我这件事，但我觉得他们说的不是真话，是在为自己辩解。有人因此就疏远我，这说明了什么呢？还不是嫉妒我的才能？还有，那时我爱顶撞班主任，我觉得他的想法就是错的，他反而说是我错了，真是可笑。我一向我行我素，说话办事全凭个人喜好，因为我比他们更聪明啊。当然，虽然有时结果不理想，但那并不是因为我的能力存在什么问题，而是客观原因造成的。我才不管别人的喜怒哀乐。他们一定认为我思想简单，最好欺负。后来我就懒得与别人交往了，我更乐于自己单独呆着。”

“我平时对任何人、包括班里同学，甚至自己的亲人，我都打心眼怀疑。为什么要信任他们呢？如果信任他们，说不定哪天就会利用我的信任加害于我。这不，最近我就被人利用了，可以说是没有理由的，我被调离机关去下属公司做一名普通工作人员。为什么要调我—我猜想肯定有人搞鬼，他们嫉妒我的才干，领导说我一直搞不好同事关系，给我安排工作我的意见总是很多。我为什么要理那些人呢？我已给上级部门写信，说明我受的冤枉，还写了我对那个领导的看法，我这次非把他搞垮不可，看他还能对我怎么样。”

从王某的自述以及交谈中，可以明显感到，王某敏感多疑，对任何人都不信任，经常感到自己被人轻视，受到别人的攻击。从这些情况可以判断，王某属于偏执型人格障碍。

（2）分裂样人格障碍

分裂样的人格障碍是一种观念、外貌和行为奇特以及人际关系有明显缺陷，而且感情冷淡的人格障碍。具体表现在对社会关系不重视，情感生活孤独内向，生活圈子非常狭窄。

分裂样人格的基本特点是情感平淡，动机不足。孤僻是他们最突出的特点。他们没有一个亲密朋友，对于批评和表扬都无动于衷；既不想与人交往，也不能体会与人相处的乐趣；不结婚，没有谈过恋爱，甚至对异性根本都不感兴趣。根据统计，每 12 个人中就有 1 个可能患有分裂样的人格障碍，男性的比例比女性要高。分裂样的人通常喜欢上夜班，会选择一些孤独型的工作。他们情感冷漠，索然寡居，不爱交际，不爱竞争，更多时间是沉浸在幻想之中。在社会环境中，他们很沉默，也很少愤怒，不在乎别人的夸奖，也不在意别人的批评，对于周围一切行为几乎都是无所谓的样子。

（3）分裂型人格障碍

这种障碍与分裂样人格障碍很类似，具体表现在与社会隔绝、情感疏远、行为古怪和多疑。没有精神病症的表现，但是其亲属中有精神分裂症的患者。

它与分裂样人格障碍的区别在于，如果分裂样人格障碍中有特别怪癖的表现，就可以成为分裂型的人格障碍。这种怪癖可以表现在思想、语言和行为上。比如，突然在交谈时出现自言自语，对陌生人发出神秘的微笑，走路时突然出现某个怪怪的动作。去百货公司买东西时会问售货员“这里卖不卖羊肉串”之类奇怪的问题。

分裂型人格障碍的主要表现就是一个“怪”字。外表古怪，行为古怪，认知古怪，情感上有敌意，人际关系很困难，集中体现在古怪荒诞的信念上。他们声称自己能辨认浩茫世界上的宇宙族谱或者神秘力量，就像法轮功练习者认为自己能感受世界上的庞大磁体在充斥推动的身体。有的分裂型障碍者宣布他能倾听其他人的思想，认为自己是宇宙的核心。他们的思想是跳跃、含混和抽象的，对他们而言，生活中最大的意义就是自己，与自己说话和交流是生活中唯一的乐趣。

2. 戏剧或情绪化的人格障碍

（1）反社会型人格障碍

反社会人格障碍又称为精神病态或社会病态，是指破坏社会准则，无视别人的权利、需要和感受的人格障碍。这种人经常表现出无法与他人建立正常的亲密关系，人际关系和交往上存在严重问题。因为不愿意履行责任，他们的工作和职业经历会不断变化，还常常滥用酒精和药物，有学者称反社会人格为“无情的人格”。他们做错事也不会有内疚感，严重的人连羞耻和同情心也没有；自己有了欲望就要得到满足，不能有所拖延，更不能承受挫折；不会去吸取教训，所以是屡教不改。

反社会型人格一般是在15岁前就表露出违法的特征，而且一直会延续到他们成人。近年来，西方学者主要研究反社会人格中的生物学因素，其中一个方面就是遗传对反社会人格的影响。英国科学家曾研究XYY型基因与反社会行为的关系，发现在对197名罪犯的研究中，7名罪犯是XYY型基因，就是说基因变异率达到3.5%。而正常人群中发生XYY型基因变异的只有0.5‰到3.5‰之间。这说明反社会人格有一定的生物学的原因。事实上，这种人格障碍是很多的，大约有1%的女性和3%的男性在十几岁或二十几岁的时候发病，这种人格障碍更多的见于司法鉴定。

（2）边缘型人格障碍

边缘型人格障碍是指个体高度冲动，情绪不稳定，人际关系紧张和不稳定，自我形象很混乱，对自己的身份识别困难。具有边缘型人格障碍的人通常人际关系很紧张，有自杀行为，有滥用药物的病史，很容易产生空虚感和厌倦感，很容易引起精神病发作。因此，这种人格障碍是介于神经症和精神病之间的交叉状态，而且这种障碍很难治疗，因为很多时候它还会伴有其他人格障碍的症状，如交织着自恋型、戏剧性或者是反社会型的行为表现。在边缘型人格障碍中，女性的患病率要高，大约是男性患者的两倍。

边缘型的人一般情绪上的起伏很大，经常是急剧大起大落，大喜大悲。有时候由于焦虑或抑郁身陷低沉，但时间却很短，仅仅几个小时就会过去，转而是兴奋。他们对于愤怒的情绪很难控制，容易与他人打架或者是发生争吵。他们对自己的价值观、人生观等长远的理性目标很混沌，最一般的特点就是冲动，还会伴有自我毁灭的成分。如果他们吵着要自杀，为了证明自己的真实，就可以拿起手腕来割。他们的行为是疯狂的，可能会迷恋购物，但实际上根本就买不起；可能是大吃大喝，到处偷东西，转身就又去吸毒或者随便寻找性伙伴。

（3）表演型人格障碍

表演型人格障碍又称为戏剧化人格障碍或者癔症型人格障碍，指过分戏剧化地表现自我以赢得别人的关注。从它的名称就可以看出，这种人格障碍过分感情化，喜欢用夸张的言行来吸引别人的注意力，实际上是一种不成熟的表现。

表演型人格为了达到目的，倾向于反复做一些戏剧化的行为。他们是自我中心者，对于他人的夸奖和表扬总是处于一种无休止的追求过程。他们非常重视自我的身体和形象，极端者会喜欢用性的吸引力来表现自己的诱惑力和魅力，而且很容易感染毒瘾。由于表演型人格的虚荣心、反复无常让人望而生畏，因此人际关系的保鲜期是非常短暂的。他们不去解释自己动机的原因，只是希望自己处于注意的中心和焦点。如果不能成为万众瞩目的人物，那他们那些不正常的行为和认知就会浮出水面，显露出自己人格上的缺陷。

（4）自恋型人格障碍

古希腊有一个神话，讲一位叫纳喀索斯英俊少年的故事。一天，他在水中发现了自己的影子，便一见倾心，再也没有心思顾及其他，一直呆在水边依依不肯离去，终于憔悴而死。后来，心理学上便以纳喀索斯的名字来命名自恋。自恋型人格障碍的表现是过分自高自大，对自己的才能夸大其词，需要得到他人赞扬而又缺乏共情的行为模式。

这种障碍类型的人容易产生海阔天空的幻想，内容多是自我陶醉型的，如幻想自己成就辉煌、荣誉和享受接踵而来；他们的权力欲望倾向很明显，期待他人给自己特殊的偏爱和关心，不愿相互承担责任，很少意识到自己的自私和专横；缺乏责任心，常用花言巧语和推诿转嫁等态度来为自己的不负责任辩解；在人际交往方面，缺乏与他人感情交流，喜欢占便宜；在面临批评和挫折时，要么表现出不屑一顾，要么表现出强烈的愤怒、羞辱或空虚；表面上容易给人造成一种毫不在乎和玩世不恭的假象，事实上却很在意别人的注意和称赞等。

一位精神分析学家给自恋者下的定义是“这种人具有两岁孩子的自我中心，但却以成人的方式表达出来”。自恋型人格在许多方面与戏剧型人格的表现相似，如情感戏剧化，喜欢性挑逗等。二者的不同之处在于，戏剧型人格的人性格外向、热情，而自恋型人格的人则性格内向、冷漠。

阅读篇

自恋是精彩还是无奈

男人和女人谁更自恋

有一个幽默：一个人问趴在镜子上的蚊子是公的还是母的？另一人答曰：肯定是母的。

这是用女性的行为推断出的答案，看来女人喜欢照镜子已是不争的事实。我们就此可以谈谈男女在自恋上的差异。男人和女人谁更自恋一些？这个问题似乎很难回答。有心理学家做过一个实验，在路边摆了一面大镜子，然后观察谁会照上一照。实验的结果令心理学家大吃一惊：男人比女人更喜欢照镜子！但是，这个实验也有漏洞，有人会说，女人在出门之前花了数倍于男人的时间精心修饰自己，当然不必再使用路边的镜子。

其实一般性的自恋不一定是坏事。如：艺术家在某种程度上的自恋，有时候不仅不是问题，反而可以增加他们的个人魅力。但适度很重要，自恋就像炒菜用的盐，少了则淡而无味，多了便难以入口。

自恋的扩大化

自恋型人格是人格障碍之一，国际通用的《精神疾病诊断和统计手册》第四版把这种人格描述为自以为是、自我陶醉的人格。其主要特征是：强烈的自我表现欲和从他人那里获得注意与羡慕的愿望；一贯自我评价过高，自以为才华出众、能力超群，常常不现实地夸大自己的成绩，倾向于极端的自我专注。自恋是人性中广泛存在的现象，但符合自恋型人格障碍诊断标准的只有极少数。

自恋也会自伤

从表面上看，自恋型人格障碍处处为自己物质和心理利益考虑，而实际上，他的一切利益都会因为自恋而受到损害。

第一，自恋是一种对赞美成瘾的症状，为了获得赞美，自恋者会不惜一切代价。比如有人冒生命危险而求得“天下谁人不识君”的知名度，这就容易走向了自恋的反面——自毁、自虐。

第二，自恋是一种非理性的力量，自恋者本人无法控制它，所以就不可能获得内心的宁静，永远都会被无形的鞭子抽打，只知道朝一个不可感知的目标奔走。

第三，自恋者下意识地明白，总是获得赞美是不可能的，所以他会不自觉地限定自己的活动范围，以回避外界任何可能伤及自恋的因素。

第四，在与他人的交往中，自恋者会因为他的自私表现而丧失他最看重的东西——来自别人的赞美，这对他来说是毁灭性的打击，并可能使其进入追求赞美——失败——更强烈地追求——更大的失败的恶性循环之中。自恋者更易患抑郁症，原因就在这里。

另外，自恋的人有时会不可理喻，甚至会让人难受。比如自恋者时常过分关心健康，总怀疑自己患了什么连仪器都查不出来的病，即使自己都认为这种怀疑是荒谬的也无法摆脱，成天惶惶不可终日。

3. 焦虑或恐惧的人格障碍

（1）逃避型人格障碍

逃避型人格障碍又叫回避型人格障碍，最大特点是行为退缩、心理自卑，面对挑战多采取回避态度或无法应付。美国《精神障碍的诊断与统计手册》（DSM-IV）中对回避型人格的特征定义是很容易因他人的批评或不赞同而受到伤害；除了至亲之外，没有好朋友或知心人；一般不愿意卷入他人事务之中；行为退缩，对需要人际交往的社会活动或工作总是尽量逃避；心理自卑，在社交场合总是缄默无语，怕惹人笑话，怕回答不出问题在别人面前露出窘态。

逃避型人格障碍的人被批评指责后，常常感到自尊心受到伤害而陷于痛苦，且很难从中解脱出来。他们害怕参加社交活动，担心自己的言行不当而被人讥笑讽刺，因而，即使参加集体活动，也多是躲在一旁沉默寡言。在处理一般性问题时，他们往往也表现得瞻前顾后，左思右想，常常是等到下定决心，却已错过了解决问题的时机。在日常生活中，他们一般安分守己，从不做那些冒险的事情，除了按部就班地工作、生活和学习外，很少去参加社交活动，因为他们觉得自己的精力不足。这些人在单位一般都被领导视为积极肯干、工作认真的好职员，因此会得到领导和同事的称赞，可是当领导委以重任时，他们却会想方设法推辞，从不接受过多的社会工作。

逃避型人格障碍的行为退缩与分裂样人格障碍的行为退缩性不同：前者并不安于或欣赏孤独，不与人来往并非出于自己的心愿，他们退缩源于内心的自卑。想与人来往，又怕被拒绝、嫌弃。想得到别人的关心与体贴，又因害羞而不敢亲近。

佛教中有出世与入世的说法，常说“大隐隐于世，小隐隐于林”。所谓出世即指远离人间生活，剪断人伦常情，修得正果；而入世则指到普通的世界中来，普渡众生。从现代人格心理学的角度来看，那些遁迹荒野、不食人间烟火的隐居者们则很可能属于回避型人格的人。在现代社会中，隐居者已很难找到一块清静的乐土，于是，他们往往会关闭心灵，不与他人作亲密的接触，唯求自安。值得注意的是，渴望一种有意义的孤独与暂时的回避生活并不是一种病态，相反，真正具有回避型人格的人并不敢深入到自己心灵内部去，他们的回避带有强迫性、盲目性和非理智性等特点。

（2）依赖型人格障碍

依赖型人格障碍是日常生活中较常见的人格障碍。这类障碍患者缺乏自信，表现出顺从和依赖的行为模式。对于照顾自己很没把握，常辩称自己下不了决心或者不知道如何做、做什么。这种行为部分出于相信别人比自己能干，部分是因为害怕冒犯被依赖者而犹豫不决（即攻击性,自我攻击的一种形式）。其他人格障碍中也有依赖性发生，但他们的依赖性往往隐藏在其他明显的行为问题后面。例如，在戏剧性或边缘性行为的背后也隐藏着依赖性。

依赖型人格对亲近与归属有过分的渴求，这种渴求是强迫的、盲目的、非理性的，与真实的感情无关。依赖型人格的人宁愿放弃自己的世界观、人生观，只要他能找到一座靠山，时刻得到别人对他的温情就心满意足了。依赖型人格的这种处世方式使得他越来越懒惰、脆弱，缺乏自主性和创造性。由于处处委屈求全，依赖型人格障碍患者会产生越来越多的压抑感，这种压抑感反过来又阻止他行动和判断的动力。

心理学家霍妮在分析依赖型人格时，指出这种类型的人有几个特点：（1）深感自己软弱无助。当要自己拿主意时，便感到一筹莫展，像一只迷失了港湾的小船，又像失去了母亲呵护的小姑娘。（2）理所当然地认为别人比自己优秀，比自己有吸引力，比自己能干。（3）无意识地喜欢用别人的看法来评价自己。

依赖型人格源于人类发展的早期。幼年时期儿童离开父母就不能生存，在儿童印象中保护他、满足他一切需要的父母是万能的，他必须依赖他们，总怕失去了这对保护神。这时如果父母过分溺爱，鼓励子女依赖父母，不让他们有长大和自立的机会，久而久之，在子女的心目中就会产生对父母或权威的依赖心理，成年以后依然不能自主。缺乏自信心，总是依靠他人来做决定，不能负担起各项任务的责任，形成依赖型人格。

生活中这样的例子屡见不鲜，一个家喻户晓的民间故事比较具有代表性。有一对夫妇晚年得子，十分高兴，把儿子视为掌上明珠，捧在手上怕飞掉，含在口里怕化掉，什么事都不让他干，儿子长大以后连基本的生活也不能自理。一天，夫妇要出远门，怕儿子饿死，于是想了一个办法，烙了一张大饼，套在儿子的脖子上，告诉他想吃时就咬一口。等他们回到家里时，儿子已经饿死了。原来他只知道吃脖子前面的饼，不知道把后面的饼转过来吃。这个故事有些刻薄，但现实生活中类似的现象也不能说没有，特别是如今大多数家庭都是独生子女，父母、爷爷奶奶、外公外婆都视之为宝贝，孩子的日常生活严重依赖家长，造成长大以后生活自理能力极差。天津市少工委对 1500 名中小学生的调查显示，其中 51.9%的学生长期由家长整理生活用品和学习用具；有 74.4%的学生在生活和学习上离开父母就束手无策；只有 13.4%的学生偶尔做些简单家务。这些情况说明依赖型人格的存在有很强的社会因素。

（3）强迫型人格障碍

强迫性人格障碍表现为做事有条不紊，诚恳可靠，但显得僵化死板，难以适应变化。由于他们小心谨慎，再三权衡问题的各个方面，难于决断；他们很负责任，但因为憎恨差错，追求完美，过分沉湎细节，而忘记本来的任务目的。而高度的责任心使他们焦虑万分，很少能从成就中享受到满足感。他们经常陷入到与自己的冲突中，生活中与自己的冲突大于与周围环境的冲突。

大多数强迫型障碍者过分追求秩序和完美。比如，一定要将家中的某个物品摆放在特定位置，衣柜里的衣服和裤子一定要挂在合适的衣架上。他们就是一部“活的机器”，完全按照秩序来经营生活，安排生活中的点点滴滴。行为上会把工作当作生活的中心，追求工作到忘我的境地；说话的方式也很死板，没有幽默感，讲究词语搭配上的规整。强迫型人格障碍是一个过分讲究的典范，困扰他们的就是发现自己会陷入无法解释的重复思维和想法中，出门时反复检查门锁锁好没有，以至要用几个小时才能离开家；脑子里反复背诵某个固定数字，或反复出现很奇怪的念头，抹之不掉，挥之不去。

小测验

你有强迫倾向吗？

根据自己最近一段时间内的情况和感觉对下面的内容进行评定，评分标准分为5级：

没有这种情况得0分；有这种情况但很轻得1分；有这种情况但程度中等得2分；情况偏重得3分；有这种情况而且很严重得4分。

1. 头脑中有不必要的想法或字句盘旋

2. 忘性大

3. 担心自己的衣装不整齐或者仪态不端正

4. 感到很难完成任务

5. 事情必须做得很慢以保证不出错误

6. 做事必须反复检查

7. 难以做出决定

8. 反复想一些无意义的事

9. 注意力不能集中

10. 反复洗手，清点数目

11. 反复做毫无意义的动作

12. 经常怀疑自己的生活环境被污染

13. 总是担心家人，会做出不好的联想

14. 出现一些不可控制的相互对立的想法和观念

将各条目的分值相加，根据正常分值标准，总分超过20 分就有强迫的倾向，可能患强迫症，就可能需要做进一步检查了。

第十章 人格治疗

——心病还要心药医

一、请闭上你的眼睛——精神分析疗法

“你疲倦了，累了，请闭上眼睛……”

这是19世纪整个欧洲广为流传的一句名言，是精神分析治疗中常用的一段话。

1. 本能受到压抑——治疗前提

弗洛伊德创立的精神分析所坚持的基本思想是：人都有性的冲动，但是为了在社会上表现他行为规范，不得不从儿童期开始就压抑自己的性力量，成年之后这种压抑的能量就表现出一些反社会或者破坏的行为。如果不能很好地将这种冲动疏导和宣泄出来，就容易导致神经症或者精神病。而这些内心冲突往往发生在人的无意识里，被自我和超我所控制，一般不会表现在现实中，也不容易被意识察觉。

他的结论是：心理疾病起因于人的心灵创伤。病人留存在心底的记忆在幻觉中不断浮现而发作。这种发作并非源于身体的某个部位，病人的身体没有损伤或病变，神经系统也没有损伤或病变，损伤存在于反复经受折磨的观念意识当中——“一个早期的短暂的创伤性经历，也许需要某个后来辅助经历的触发，才能在潜意识中猛然发作。换句话说，要治疗任何一种现存的精神创伤，都必须首先追寻出那个可能发生于多年之前的创伤的根源。”

2. 明修栈道，暗渡陈仓

弗洛伊德的治疗方式是：鼓励病人说出曾遭遇到的无法忍受的干扰、刺激或是伤害，无论它们发生在多么遥远的过去，或是多么难以启齿。因为如果病人无法依靠自己的力量将记忆纠正，那么病症会在以后的若干年持续发作。

精神分析的技术主要有自由联想、阻抗的分析和梦的解析。

自由联想

现在你躺在一个很舒服的长沙发上，没有压力，没有紧张地把自己能想到的问题和事情娓娓道来，尽量自然完全地说出内心的想法、感受、此刻的躯体感觉或者是随便天马行空的想象。这就是“自由联想”。自由联想可以让患者毫不保留地进入自己的潜意识，不需要恪守意识的规范和原则，哪怕说出来的是一些没有逻辑、琐碎细微的小事情。

弗洛伊德认为，自由联想的内容不是随便出现的，而是实际存在于人的内心。分析师的任务是探索这些联想的源头，解释和确认联想背后隐藏的意义。因此，分析师会鼓励患者表达自己强烈的内心情感，让这些由于长期压抑而造成的冲突能够用情绪情感释放出来。专业的术语叫做宣泄。

阻抗的分析

患者和咨询师在交流和咨询过程中，有一些问题患者很不喜欢提起，还要竭力回避。这是弗洛伊德所说的“阻抗”。因为谁也不愿意揭开丑陋的伤疤，所以直到揭晓谜底答案之前，治疗通常都不会进行得很顺利，患者的抗拒会不自觉地发生。因此阻抗是介于意识和无意识之间的障碍。这些抗拒一般表现在谈论某个经验、想法或者是经历时，内容常涉及到个人的隐私，如性生活、敌意或对亲人的憎恨等。还有些时候，当谜底被揭开时，患者会反复强调这些东西都是些很荒唐的、无聊的。而这些都是分析师在治疗时最有用的信息。精神分析治疗的方法就是要打破患者的抗拒，让患者能勇敢自然地面对真正使他们痛苦的事情。

梦的解析

A是一个有人格障碍的17岁的女孩。她在5岁时被父母遗弃，8岁时被人收养。收养她的家庭收入稳定，和睦幸福。A从14岁起总是梦到养父对她进行性骚扰，她不知道这是真实的还是只有在梦里才发生的。但是她对自己的养父已经变得又爱又怕。到了15岁，她开始出现一些越轨行为，包括离家出走、吸毒、和男孩发生性关系等。这些行为同时又让A产生很强的内疚感和焦虑感，但又无法控制自己的行为。

治疗师主要关注她的梦。她再次报告说自己看到养父在抚摸她并要和她发生性关系，她从极度的恐惧中惊醒。下面就是关于梦的对话。

治疗者：你对这个梦是怎么想的?

A：我知道这只是一个梦。但我觉得我很怕他，我发现自己在躲着他。

治疗者：所以你现在不知道自己与养父发生关系的想象有多少来源你的梦，又有多少来源于你的意识。

从精神分析的观点，这里最主要的困难就是梦的内容和A意识中的想法之间存在混淆。为了进一步区分，要让A开始学会想象正常的父女关系。

你能不能试着想象一下你和养父之间健康的父女关系呢？

A：（想了一下）好吧，我试试。我希望看到自己和他呆在房间里。没有任何性的想法，就是正常地坐在家里。我希望能和他拥抱一下，或者是他抱着我，让他吻我的脸，但不要想一些下流的事情。我想我现在还是不能摆脱梦境中的事情。

治疗者：看上去，你是很努力地从梦境和现实中区分出一些事情来。但是好像有什么东西把你的路给堵住了。能不能对这种阻碍再做一下自由联想呢？

A：（稍微沉默了一会）我感到有一种东西……介入这种情感之间的痛苦。我想成为他的小女儿，被他疼爱，被他自然地抚摸和宠爱。而还有一个画面，他对我的影响更大，就是我和他之间有一种更成熟的爱的关系。看上去，嗯，他不是我的父亲，又有点像我的父亲。他又好像是一个具有我父亲所有特点男朋友。

这段对话中，A用语言表达了她想与一个与养父有相同特点的人建立一种恋爱关系的想法和欲望。在以后的谈话中，她能通过修正自己的幻想，逐渐澄清小女孩—父亲与成年女儿—父亲之间的行为区别，并让她能想象正常的两性关系。

弗洛伊德认为梦是获得一个人潜意识动机中的重要内容，

梦是一个人无意识的表达。当夜幕降临的时候，“超我”这个道德的卫士就下班了，而让“本我”这个幽灵趁虚而入，堂而皇之地走入人的睡梦中。在精神分析看来，人的梦有两种内容，一个是显梦，就是以睡眠的方式表现出来，人们在清醒之后还能回忆起其中的一些内容；而另一个就是隐梦，隐藏在显梦背后隐含的意义，也是潜意识这个幽灵想要带来的实际动机。这些内容都是让人很痛苦或者不愿意接受的，所以就以“披着羊皮的狼”的形式冒出来。咨询师就是用梦的解释的方法来分析出患者的潜意识，达到治疗的效果。

小知识

真的有心药可以改变人格吗？

人们一直在思索是否有这么一种药物可以让人格障碍的人一吃就好，科技飞速发展的今天，一切皆有可能。因为神经病学家在治疗心理疾病的时候，发现他们开出的药物竟然能够改变人的行为。如百优解，它是一种抗抑郁症的药物，对强迫症的治疗很有效。一个服用者说，他变得要比以前好多了，似乎这种药抑制了阻止人们发挥潜能的内容。科学家们认为，百优解神经方面的功效是：在神经冲动通过突触之后，百优解可以阻断神经元，并吸收神经介质5-羟色胺，抑制人的神经活动，从而达到治疗的效果。百优解不仅可以起镇静作用，还降低大脑的活动水平，可以减轻包括妄想、幻觉等精神分裂的症状。

还有一种常用的“心”药叫氯胺平，这种药用于精神分裂症。像百优解一样，它也是干预神经介质的活动水平；对于精神分裂而言，就是干预5-羟色胺和多巴胺在每个突触的数量水平。但是这种药不能改变人格，但可以恢复因为人格障碍而被湮灭的人格特质。有超过半数的服用者称服药之后病情有所缓解，有20%的患者完全康复，而且康复的情况很好，很多医生称他们觉醒了。一位曾经有自杀倾向的精神分裂患者说，是氯胺平把他从死亡的边缘拉了回来，让自己最痛恨的阳光变成了很美好的事物。

但“是药三分毒”。三环类抗抑郁药物的副作用是抗胆碱能,可能会出现如口干、心率加快、排尿困难等现象，其中叫阿米替林的药物的抗胆碱能作用最强。如果服用超量中毒,对心脏的毒性比较大。因此，抑郁类的药物不可以间断性使用或睡前使用。总之，治疗心理疾病的药物有很大的副作用，可能会引起嗜睡、口干、视力模糊、便秘、肥胖等。所以，使用“心药”治疗心理疾病，必须要有医生的治疗配方，还要严格按照具体的食药说明。

二、行为的力量是无穷的

在治疗人格障碍方面，精神分析重视人的内部原因，行为主义学派则关注人的外部行为。行为主义疗法的基本原理是用条件作用和强化来改变那些不能适应生活的行为。

1. 行为主义疗法介绍

行为疗法认为，无论是什么样的行为，正常的或病态的，都经过学习获得，而且也能通过学习来改变、增加或消除。学习的原则就是受奖赏的、让人满意的行为，容易学会并且能维持下来；相反，受处罚的、让人有不悦的行为，就不容易学会或很难维持下来。因此，只要掌握操作这些奖赏或处罚的条件，治疗师就可控制和改变行为的方向。

在此基础上，行为主义疗法提出了两点基本假设：第一，和正常的适应性行为一样，不适应社会和生活的行为也是学习而来的，即人们是通过学习获得了不健康的行为。第二，人们也可以通过学习获得自己所缺少的健康的适应性行为。

行为疗法主要包括系统脱敏疗法、厌恶疗法、满灌或冲击疗法、阳性强化疗法、发泄疗法、逆转意图疗法、阴性强化疗法、模仿疗法、生物反馈疗法等。

2. 洗不掉的细菌

一名衣帽整齐而精神憔悴的中年男人走进心理咨询室。

他的陈述是这样的，“我觉得自己得了一种怪病，老是觉得自己感染了病菌，可能会得癌症。每天都必须多次、长时间地洗手、洗衣，别人称我‘洗手狂’，自己也感到很痛苦。每天上班时，必须要把办公室里里外外打扫三遍以上，才能安心坐下来工作。而且必须是亲自擦，别人擦我还不放心，总觉得别人擦的不干净。我最恨的事情就是：三遍清洁尚未做完，就有人要和我讨论工作上的事情。我认为这样的话就前功尽弃了，我还要重新做三遍清洁……等到晚上要上床休息了，我的脚洗完之后是绝对不能让它再落地的。怎么办呢，一般是坐在床上洗，洗完后拭干，然后赶紧钻入被窝睡觉。

“渐渐地，我已经发展到不敢出门，不敢听别人谈到癌症或死亡的事，不敢到医院去看病，因为医院有各种病菌。妻子和女儿都不理解我，我们时常为此吵架，弄得家庭关系很紧张。几年来，我两次住进精神病院治疗，服过很多药物，但都没有什么效果。”

通过了解，治疗师得知这名患者几年前一位好朋友死于癌症，为此他非常伤心。但事后想起这位好朋友死前半年曾在他家的床上睡过一次午觉，于是患者就开始担心自己也会传染上癌症，立刻把被褥大洗，以后还不放心，总觉得身上沾上了致癌的东西，每天要洗手多次。慢慢的，他的洁癖行为就越来越严重了。这个患者属于相当严重的、以洁癖为症状的强迫型人格障碍。

治疗师除了用谈话的方式让患者了解到癌症的正常传播途径，让他获得合理的疾病知识，改变他对患癌症的看法，同时采用了行为主义的满灌疗法。

让患者坐于房间里，他的亲属或者朋友充当治疗助手。先让患者全身放松，轻闭双眼，然后让助手在患者手上涂各种液体，如清水、污水、酱油、染料等等。在涂的时候，要求患者也要尽量放松，而助手则用言语暗示患者手已经很脏了。要求患者尽量忍耐，直到不能再忍时，睁开眼睛看到底有多脏为止。助手在涂液体时随机使用清水和其他液体。这样，当患者一睁开眼时，会发现手并不脏，起码没有自己想象的那么脏，这对患者的思想是一个冲击，说明“脏”往往更多来自于自己的想法，与实际情况并不相符。但如果患者发现自己手确实很脏，就会增强洗手的冲动，这时候，助手一定要阻止他去洗手，这是行为治疗的关键。患者会感到很痛苦，但治疗师和助手在旁边可以不停地给予他鼓励。

在整个治疗过程中，助手的示范作用很大。助手也可在自己手上涂上一些液体，甚至更多更脏的液体，并大声说出内心感受。由于二人有了相同的经历，在情感上助手和患者的沟通很容易，对脏东西的认识也能逐渐靠拢。这时，治疗师要让患者仔细体会自己焦虑在一步步降低。

满灌这种行为疗法在刚开始时会把患者推向焦虑的顶峰，但随着练习次数的增加，焦虑会逐渐下降，强迫行为也会慢慢消退。经过多次的治疗，患者的洁癖观念和行为就可以得到有效控制。

3. 不关注你在想什么，只关注你在做什么

行为治疗不关心所谓“你内心到底在想什么”或“你在童年经历了什么可怕的事情”，也不管人格障碍发生的过程和因果关系，而是把着眼点放在当前可观察的不健康和不适应的行为上。行为疗法相信只要“行为”改变，所谓“态度”及“情感”也就会相应改变。与其他流派的治疗方法相比，行为疗法对治疗过程关心较少，他们更关心设立明确的治疗目标。而明确的治疗目标又是通过对患者行为的观察和分析后，帮助患者制定的。因此行为主义治疗目标一确定，新的学习过程就开始了。

小 知 识

计算机化的心理治疗

到了21世纪的今天，计算机的使用已经非常普及，而且也参与到心理治疗的过程中来。已经有很多人通过网络相互交流，或者发送e-mail来进行网络心理咨询，msn等聊天工具也让很多人体验着网络式的“谈话治疗”，这

原本是从弗洛伊德时代发展起来的互动治疗方式。在计算机作为辅助治疗的形式中，个体通常和他的治疗师之间互相发送信件。这种方式有危险也有优势。危险在于，治疗师不能当面获得患者的信息，仅通过网络上的联系来做出处理，很可能会因为信息有限或者不准确而产生误诊；而且患者不能识别网上咨询师的资格和能力，每个人都可以在网络这个虚拟空间中说自己是专家。尽管如此，计算机化的治疗还是给很多人提供了独特的解决问题的机会。因为，人们可以匿名把自己的故事说出来，不用担心被身边的人发现，不会受到家庭和社会的压力与谴责等等，可以没有顾虑地毫无保留地敞开心扉。

治疗师还发明了更有针对性的计算机干预式的治疗，耐曼等人开发了一组治疗恐惧症的计算机程序。研究者将参加计算机辅助治疗的患者与参与传统治疗的患者进行比较。干预内容包括行为治疗和认知治疗，行为治疗主要是让患者暴露在恐怖情境中进行放松，认知治疗则作认知重建。把计算机治疗的程序下载到掌上笔记本电脑中，参与者随时携带在身边。同时，计算机还提供了几种帮助程序，如能够改变个体思维的自我陈述和暗示的程序、训练自己如何呼吸的程序。结果发现，计算机辅助治疗与传统治疗方法一样，都取得了良好的治疗效果，在治疗结束6个月后，两组都保持了良好的治疗成果。

三、认识有错吗?

人的思想丰富多彩，那么认识有正确和错误的分别吗？回答是肯定的。如果把道德和规范之类的标准排除在外，人的认识方法和内容的不正确都有可能对健康人格造成不利的影响。

1. 认知疗法的前提

认知疗法是通过改变患者对自己经验的思考方式来改变他不正确的情感和行为方式。这种治疗的假设是：人们想什么和怎么想是造成人格障碍和情绪困扰的最主要原因。比如，一个自恋型的人格障碍者可能会想："我是一个十全十美的人，大家都很羡慕我。"正是有这样偏差的认识，人格障碍者的不健康的想法越来越严重。

2. 埃里斯的认知疗法

早期的认知疗法是由埃尔伯特·埃里斯创立的。埃里斯认为，人有一种既理智又不理智的倾向。人天生就有一些欲望、要求和期待，如果这些东西在生活中能得到满足，人们就可以顺利发展，否则就会责备自己或他人；人的思想、情绪和行为是同时的，情绪总是在生活中某个具体情境下激发出来。情绪又是思维的产物，因此，情绪出现障碍的一个直接原因就是由于错误的想法和认识。

埃里斯对于经常造成痛苦的错误思想进行总结，归纳出十条。以下是那些让人出现不适应的根源想法：

一个人要想有价值，就必须很有能力，并且在各种情况下都要成功。

我周围有个人很坏，他必须受到严厉的惩罚。

逃避困难和责任要比面对它们要来得容易一些。

任何事情的发展都应该和我预想的一样，每个问题都应该有合理的解决。

不幸是由环境造成的，人没有办法来控制自己的悲伤和不安。

过去对于现在起重要的决定作用。一件事情过去曾影响自己，所以现在也必定影响自己。

人的能力很微弱，所以要有一个靠山才能生活。个人是不能掌握感情的，必须有个人来安慰自己才行。

别人的动荡不安也会影响自己的安定。

和我接触的人都必须喜欢和赞成我。

生活中有很多事情都对自己不利，所以每天要用大量的时间来思考到底应该怎么来对付这些事情。

可想而知，如果一个人的想法和上述观点中的几个是相同的，那么，他的内心正陷入慌乱和不安之中，也很容易受到心理疾病的侵袭。

3. 具体做什么

(1) 改变错误信念

就像埃里斯提出的那十条错误信念会导致人的不正常一样，要想治疗或者纠正患者的人格障碍，就要改变患者不合理或错误的信念。一般说来，这些错误信念可以分为三类：第一类是非理性态度，如“一个妻子最重要的就是在各个方面都要做到尽善尽美”；第二类是错误的推理，如 “假如我在这次面试中失败了，那么我就不会找到好工作了”；第三类是过于墨守成规，用僵硬的规则指导自己的行为。如“我必须服从权威”、“我一定要和其他人一样，别人做什么我也要做什么”。人格的异常和偏差正是由于认知的错误和无法区分现实和想象而造成的。

（2）认识重建法

这种方法的前提假设是：告诉自己是个什么样的人，你就会变成那样的人；相信自己应该做什么。这好比每天早上起床后对着镜子高呼三声“我一定会成功”一样，让自己的认识变成一种行为的动机，改变过去消极的想法和自我陈述，让建设性的认识重新占据认知舞台上主角地位。这种方法的关键是要发现和解决人格障碍者处理问题时的想法与表达方式，一旦能准确把握患者的思维方式，就可以与患者一起寻找适合的陈述方式和认识方式，让他学会如何减少消极和低落。

小知识

利特（Little）的个人计划

利特把个人计划定义为打算实现个人目标的一系列个人相关活动。个人计划可以包括从“今天一定要把脏衣服洗掉”的生活琐事到“我一定要达到自己追求的崇高事业”的终身信念。任何时候，人们做的事情都或多或少和个人计划有关系。

如何评价你的个人计划呢？利特使用了个人计划分析（Personal projects analysis，简称 PPA）方法。这种方法第一步是列出自己的个人计划，可以自由地列出任何和自己有关的计划，计划的多少由个人喜好决定。典型的情况一般是列出 15 项。第二步是按照多个维度来评价这些计划，维度是重要性、愉悦性、困难程度、进展情况、积极影响和消极影响等。目的是获得与个人计划相联系的意义、结构、压力、效能等相关信息，以及作为一个整体的个人计划系统：这些计划是值得的，还是无意义的？是有组织的，还是毫无关系的？

PPA方法给予个体很大的空间根据自己的感觉和经验作出反应，它是很灵活的。利特认为，尽管个人计划是按照等级排列，但最好的理解是格状结构。因为，每个计划可能与其他计划之间有很多关系，而且作为一个计划，会存在很多原因，也有很多方法去实现。对个人计划交叉影响等级的分析，即该计划是否促进其他计划、与其他计划相冲突或与其他计划有无关系，都会使我们在系统中体会到一种整体的感觉。

这样的分析有什么意义？利特认为，生活满意与计划等级的关系在压力维度上表现比较低，在积极结果和控制维度上表现比较高。根据他的观点，对生活的满意和不满意集中体现在与个人计划有关的压力和效能方面。在人们相信自己可能会成功的程度上，计划的结果是对生活满意度和沮丧度的最好的预测指标。

例：某个大学生个人计划分析

完成我的毕业论文
为精神生活留出一点时间
看多伦多队和底特律队的比赛
交结新朋友
提炼出自己的生活哲学
喝点酒
更关心我弟弟
减肥
照顾要病危的阿姨
让指甲快点长出来
从圣诞节的疲劳中恢复过来
理解父母

四、相信别人就是对他最大的关爱——人本主义疗法

1. 基本前提

当事人中心疗法的创始人罗杰斯认为：人是有潜力的，有着积极、奋发向上、自我肯定的成长潜力。在治疗过程中，只要能投入，他们就能朝自我成长的方向发展。如果人在正常情况下体验受到闭塞，或者被压抑，与环境发生冲突，人的成长倾向受到阻碍，就会表现为心理病态和适应困难。如果创造一个良好的环境让他能够和别人正常交往、沟通，便可以发挥他的潜力，改变适应不良的行为。

人本主义治疗师相信只要以某种方式去发挥人的潜在能力，就可以促进生长、前进和成熟。比如儿童学习走步，在正常情况下，不论孩子跌倒多少次，最后总是可以学会独自走路，心理的成长也是如此。在合理良好的环境中，一个人总能靠这种天生的力量由小到大发育成熟，成为一个健全的、机能完善的人。而不利的环境条件，则会使人的成长趋势受到歪曲和阻碍，他会感到适应困难，从而表现为各种乖僻古怪的行为。

2. 咨患关系比什么都重要

罗杰斯创立的来访者中心疗法不太注重治疗技巧，都非常注意治疗师和患者之间的关系。他曾说：“当一个为许多困难而苦恼着的人来找我时，最有价值的办法是，建立一个使他感到安全自由的关系，目的在于理解他内在的感情，接受他本来的面目，制造一个自由的气氛，使他的思想、感情和存在沿着他要去的方向发展……”

例如在一次咨询的交谈中，咨询师发现病人对他父亲有很强烈的否定情绪。咨询师问，“你大概正在生父亲的气吧?”患者回答：“不是”；咨询师接着问“你感到痛苦吗?”“可能不太确切”；“那么，你是看不起他吗?”“是的，也许就是这样的感觉。”咨询师可以在进一步的交谈中继续探索这种情感，同时也可以慢慢感受这些情感体验在患者内心发生的心理改变。这种感觉和体验就是治疗过程中患者发生改变的重要内容。

人本主义治疗方法强调要用同情和“共感”的态度接近患者，即能体验和理解患者的感受和痛苦，与之产生 “共鸣”，在正确领会他所说意思的基础上，复述要点，让患者澄清思想，增强自我了解和适应能力。看上去，这样会让患者对治疗师过分依赖。但实际上，患者一直都对治疗过程进行控制，自己选择说什么，自己选择做什么，自己来评价整个过程，自己去体验整个治疗对自我成长的帮助。

3. 人格改变七步曲

罗杰斯认为，如果在咨询过程中尊重来访者、以来访者为中心，给予他们无条件的积极关注，让其深入挖掘内在的自我，来访者的人格就会慢慢得以改变。

他将来访者人格改变的过程分为七个阶段，每个阶段都有两极，一极代表刻板和停滞不前；另一极代表运动和灵活多变。

✓ 第一步：情绪表现

最低级别——没有任何情绪表露

最高级别——情绪能够自然和及时地表达

✓ 第二步：经验方式

最低级别——身体和经验相脱离

最高级别——经验成为身体的一种体验

✓ 第三步：不协调程度

最低级别——个体对自我矛盾的东西没有意识

最高级别——个体能够意识到自我的不协调

✓ 第四步：自我的交流

最低级别——个体回避揭示自我

最高级别——个体能够暴露自己的意识

✓ 第五步：经验组成方式

最低级别——个体以僵化的思维看待经验

最高级别——个体以变化的思维看待经验

✓ 第六步：问题的解决

最低级别——回避问题或者觉得这个与自己无关

最高级别——面对现实，积极地解决自己的问题

✓ 第七步：对外部事物的态度

最低级别——生活在自己的小天地里

最高级别——能够在与他人的交往中发展自我

4. 成效在哪里

很多研究者证明，人本主义的来访者中心的治疗方式可以取得很好的治疗效果。

⊿ 从使用别人的价值观到肯定自己的价值观。

⊿ 病态的防御性减少，能够灵活地认识事物。

⊿ 能形成清晰的自我概念。

⊿ 可以用乐观积极的态度来评价他人。

⊿ 人格得到成熟和健全。

小知识

焦点心理治疗

由于人本主义治疗主要主张倾听，让来访者自主地发表意见和想法。但当来访者对自己的经验无法准确描述或者一直有很强戒备心的时候，治疗就很难开展下去，也没有什么效果。美国著名心理学家詹德林提出经验心理治疗，他的关注点在于来访者的焦点问题，因此，他所提倡的这种治疗方法也被称为"焦点倾向的心理治疗"。

詹德林认为，经验是一个包括认识和情感在内的持续不断的过程，它的构造和内容很复杂，无法使用言语来准确描述。换句话说，当我们用言语把经验描述出来之后，实际上我们已经改变了这种经验。因为在经验中隐含着我们平时所生活的情境，过去所学习的东西，以及言词、概念、哲学观点和规则等都和当前的情境交织在一起，对我们的体验产生影响。因此，经验的意义是经常变化的。每当我们遇到新的情境时，就有可能使我们的概念、规则、言词或存在方式发生新的变化。正如詹德林所说："一个活生生的个体就是一种自我组织的过程。"在这个自我组织过程中，经验不断向前发展，也不断被赋予新的意义。

对心理治疗学家来说，最重要的是关注那些能促进患者向前发展的新情境，因为旧的情境已经不能起作用了。在心理治疗中，治疗者要帮助和鼓励患者"向前思考和体验"，从而帮助他们产生新的存在和行为方式。

传统的人本主义心理治疗咨询师可能除了倾听之外，并不做其他事情。对有些来访者来说，这样做很难使他们表述体验，治疗者也很难做出移情反应。而使用詹德林的焦点技术则克服了这方面的不足。所谓“焦点”就是促进来访者产生体验的过程。基本步骤是要求来访者在体验到他们的感受时进行身体定位，然后注意这些身体部位，同时把他们的感受用语词或想象表达出来。换句话说，这是一种把身体经验和心理经验真正整合起来的治疗方法。

后来，有人经过研究，把这个聚焦的过程分解为四个方面：（1）产生身体感受；（2）产生某种意象；（3）形成描述感受的标记；（4）产生一种放松感。

对于那些远离自己身体感受，或者被这种感受所压倒的人来说，焦点治疗是一种尤为合适和有效的方法。